AF389555

BIBLIOTHÈQUE DE L'AGRICULTEUR PRATICIEN

LA
BOTTE DE FOIN

AVEC LES FIGURES ET LA DESCRIPTION

DES PLANTES QU'ELLE PEUT CONTENIR

ET

DE CELLES QU'ON N'Y DOIT PAS TROUVER

PAR

M. MERCHE

Vétérinaire principal, membre de la Commission d'hygiène hippique

(2me ÉDITION)

PARIS

LIBRAIRIE CENTRALE D'AGRICULTURE ET DE JARDINAGE

RUE DES ÉCOLES, 62 (ANCIEN 82), PRÈS LE MUSÉE DE CLUNY

— **Auguste GOIN, éditeur** —

LA
BOTTE DE FOIN

ANGERS, IMPRIMERIE LACHÈSE ET Cie, 4, CHAUSSÉE SAINT-PIERRE

LA
BOTTE DE FOIN

AVEC LES FIGURES ET LA DESCRIPTION

DES PLANTES QU'ELLE PEUT CONTENIR

ET

DE CELLES QU'ON N'Y DOIT PAS TROUVER

PAR

M. MERCHE

Vétérinaire principal, membre de la Commission d'hygiène hippique

(2ᵉ ÉDITION)

PARIS

LIBRAIRIE CENTRALE D'AGRICULTURE ET DE JARDINAGE

RUE DES ÉCOLES, 62 (ANCIEN 82), PRÈS LE MUSÉE DE CLUNY

Auguste GOIN, éditeur

PRÉFACE

Depuis que l'homme a su, par son adresse, sa patience et sa volonté, assurer son droit de conquête sur tous les animaux, il a dû songer aussi à assurer l'existence de ceux qui sont associés à ses travaux. Le foin, la paille et les grains, sont les trois éléments principaux choisis par lui pour subvenir à leurs besoins de chaque jour.

Le foin est le plus généralement usité ; aussi, avons-nous pensé que nos recherches devaient surtout porter sur cet aliment indispensable.

C'est à l'aide d'approvisionnements fourrageux, nombreux et variés, qu'on est arrivé non seulement à multiplier les espèces animales domestiques, mais encore à les améliorer et à les rendre aptes aux différentes destinations créées par les besoins si variés de notre civilisation. Un auteur compétent a dit avec raison : « La production animale est l'expression exacte, rigoureuse de la production végétale. Celle-là est proportionnelle à celle-ci, et étroitement sous sa dépendance ; quand cette dernière se trouve insuffisante, la première se réduit dans la même mesure. »

Tout le monde sait ce qu'est une botte de foin, et cependant, il est bien peu de personnes qui connaissent sa véritable composition.

Or, rendre aussi simple que possible, l'étude des herbes bonnes ou mauvaises qu'on rencontre dans la botte de foin ; exposer exactement leurs propriétés agricoles et hygiéniques ; conserver en même temps un cachet scientifique et pratique à ces esquisses fourragères, tel est le but que l'auteur s'est proposé d'atteindre.

Il espère donc rendre un service réel à tous ceux qui, par goût ou par nécessité, doivent s'occuper de l'alimentation de nos herbivores : aux vétérinaires d'abord, dont la responsabilité se trouve journellement engagée; aux personnes chargées de la réception ou de la surveillance des fourrages; aux agriculteurs, enfin, qui pourront alors affirmer et démontrer, d'après le vu et l'examen de nos figures, avec la comparaison des plantes qui composent la botte fourragère, qu'ils font une livraison consciencieuse et sûre de la récolte de leurs prairies.

Nous croyons que ce travail répond à un besoin urgent, et par cela même, nous espérons un bon accueil du public auquel nous nous adressons.

LA BOTTE DE FOIN

I

CHAPITRE PREMIER

§ 1ᵉʳ. — De l'alimentation

L'alimentation du cheval et des herbivores, on le sait, est pour ainsi dire la question vitale de leur existence ; en effet, il faut avant tout que les animaux, ces auxiliaires précieux de nos travaux, ces rudes compagnons de nos fatigues à la guerre, reçoivent des aliments suffisamment réparateurs et de bonne qualité. Cette question d'hygiène domine toutes les autres propositions d'économie rurale, et l'on peut dire : mauvais aliments, mauvais chevaux, mauvais bestiaux. Par contre, une nourriture choisie et tonique, donne des jambes et une certaine énergie à de médiocres sujets ; de là sans doute ce dicton si répandu : *Le secret des Anglais est dans le coffre à avoine !* Et cet autre proverbe, qui ne manque pas de vérité : *Dis-moi ce que tu manges, je te dirai qui tu es !*

Lorsque le cheval reçoit une quantité suffisante d'aliments bien choisis, il a le poil fin et brillant, il est d'un pansage facile, et en hiver, il ne se couvre pas d'une épaisse fourrure, qui fait tolérer, quand même, *l'opération de la tonte*. Un pareil cheval possède des muscles denses ; il ne sue pas au moindre travail ; vigoureux et rustique, il a des mouvements sûrs, un certain fond, et constitue, en définitive, un bon cheval d'arme.

Le mot *alimentation* vient de *alimentatio*, dérivé lui-même de *alere*, nourrir : il exprime en effet l'action de nourrir, tandis que la nourriture est précisément ce qui nourrit. Bien que le mot alimentation ne soit pas introduit depuis fort longtemps, il est presque généralement adopté aujourd'hui par la plupart des écrivains et des hippologues. On dit tous les jours : une bonne ou une mauvaise alimentation, une alimentation complète ou incomplète, etc.

L'alimentation peut être *suffisante* ou *insuffi-*

sante ; elle est suffisante, toutes les fois que les principes alimentaires digérés et assimilés sont dans une proportion au moins égale à celle des pertes éprouvées, soit par l'accroissement des organes, soit pour leur entretien, soit enfin, par les sécrétions de toute espèce.

Pour que l'alimentation soit suffisante, il faut donc que les recettes alimentaires soient en rapport avec les pertes incessantes de l'économie animale. Quand l'alimentation est insuffisante, les animaux souffrent, maigrissent et sont plus facilement accessibles à une foule de maladies graves, au nombre desquelles il faut placer l'anémie, les hydropisies des séreuses, les maladies à cachet typhoïde, et très souvent les affections farcino-morveuses. Dans tous les cas, l'existence des chevaux insuffisamment nourris est singulièrement abrégée.

Il est bien entendu qu'ici, je ne parle que des aliments insuffisants et non *des aliments incomplets*, dont je vais m'occuper à l'instant.

§ II. — **Aliments** (de *Alimentum*)

On donne le nom d'*aliments* à toutes les substances qui, introduites dans le corps vivant, sont capables de renouveler le fluide sanguin, de concourir à la production de la chaleur animale, et enfin de servir à la nutrition.

Les aliments destinés au cheval ne sont pas, comme on pourrait le croire tout d'abord, constitués simplement par des fourrages et des grains : ils peuvent être fournis par les trois règnes (animal, végétal et minéral). Je n'ai pas besoin de dire que le solipède, dont nous allons principalement nous occuper, se nourrit rarement de substances animales, bien qu'il puisse le faire exceptionnellement[1], et qu'il le fasse dans le jeune âge, alors qu'il se contente du lait

[1] Pendant le siège de Metz, un assez grand nombre de chevaux ont été nourris avec de la viande de cheval. D'après les expériences de M. Laquerrière, vétérinaire militaire, les chevaux s'habituent assez facilement à cette nourriture et ne s'en trouvent pas mal.

seul de sa mère. Mais, nous le savons tous, le
cheval se nourrit habituellement de végétaux :
grains et *fourrages*.

En envisageant cette question sous un point de
vue plus élevé, on doit rappeler que l'air, — ce
fluide invisible qui entoure la terre en lui four-
nissant une couche atmosphérique d'environ 16
lieues, — est sans contredit l'aliment le plus
essentiel à la vie. Il en est de même de l'eau, qui
représente plus de la moitié du poids des organes
dans la composition desquels elle entre. Cet aliment liquide sert, non seulement à calmer la
soif, mais encore, il favorise l'introduction de
substances minérales dans l'organisme, de con-
cert avec les matières animales et végétales, soit
pour la reconstitution du fluide sanguin et la
formation des os, soit pour l'exécution des sécrétions diverses. Il suffit de citer les principaux
aliments minéraux, tels que : sel marin, carbo-
nates, sulfates et chlorures calcaires; puis les
sels de fer et de manganèse, etc., pour être con-
vaincu de leur utilité dans la nutrition.

Mais dans une acception moins large, ce sont principalement les végétaux qui sont destinés à servir d'aliments au cheval. Ces végétaux ont une composition très complexe et renferment, au milieu de leur trame, une foule de principes variés auxquels on a réservé le nom de *principes immédiats*. Ces principes sont constitués en dernière analyse, de carbone, d'oxygène, d'hydrogène et, suivant que l'azote entre ou non dans leur composition, ils sont dits *azotés* ou *non azotés*. Tous ces principes se rencontrent donc dans des proportions très variées dans les racines, les tiges, les feuilles, les fleurs et les fruits des végétaux, ainsi que dans les tubercules de quelques plantes cultivées, surtout pour l'alimentation des bestiaux.

D'après M. Boussingault, les principes immédiats des végétaux ont une composition chimique très complexe et presque aussi variée que celle des matières animales; ainsi, d'après l'analyse, on y rencontre : de la fibrine ou gluten, de l'albumine, de la caséine, sous forme de légumine;

puis des principes neutres, tels que : sucre, fécule, glucose, pectine, gomme, cellulose, ligneux, chlorophylle et résine; arrivent ensuite les matières grasses, des huiles fixes et essentielles, des acides acétique, citrique, oxalique, tartrique, etc.; enfin des oxydes de fer, de manganèse, des sels de chaux, de potasse, des sulfates, phosphates, silicates, chlorures, de la magnésie, etc.

En tenant compte de cette analyse, il est facile d'expliquer ce qui arrive après l'introduction, au sein de l'économie, de principes immédiats constitués de la sorte; on est peu surpris d'apprendre qu'une fois parvenus dans les voies digestives, ils sont facilement et promptement assimilés et servent à des degrés différents à la nutrition. L'animal qui vit de substances végétales n'est donc herbivore que de nom, a dit avec raison le savant physiologiste M. Colin, puisqu'en réalité, il se nourrit de *chair végétale.*

Les principes immédiats azotés sont appelés *protéiques* ou *aliments plastiques :* les principes neutres ont reçu le nom d'*aliments respiratoires*.

M. Boussingault dit : pour qu'un aliment soit *complet*, autrement dit, qu'il soit propre à entretenir, seul, la vie, il est indispensable qu'il contienne :

1° Une matière azotée, fibrine ou gluten, albumine et caséine ;

2° Une matière grasse ;

3° Une matière neutre, fécule, gomme, sucre, etc. ;

4° Des sels de fer, de chaux, de potasse, etc.

1° Les matières azotées sont destinées à la reconstitution du sang et de la substance musculaire ; 2° les matières grasses favorisent la sécrétion du lait et la formation du tissu adipeux ; 3° les substances neutres servent à la respiration et à la calorification ; 4° enfin, les matières salines sont indispensables aux tissus et aux produits des sécrétions.

Un aliment incomplet qui, par conséquent, ne réunirait pas ces quatre conditions, ne peut nourrir suffisamment l'animal, et encore bien moins un seul principe immédiat azoté ou non azoté. Magendie a démontré, à l'aide de nombreuses expériences, qu'il est inutile de reproduire ici, que des chiens nourris exclusivement avec du sucre, du beurre, de la gomme ou de l'huile d'olive, succombaient dans un état de marasme très grand du trente-deuxième au trente-sixième jour. D'autres expérimentateurs firent périr des oies du seizième au quarante-quatrième jour, en leur donnant exclusivement du sucre, de la gomme et de l'eau, de l'amidon sec ou cuit, de la même façon que si elles eussent été privées de nourriture.

Les aliments azotés produisent le même résultat fatal après quatre mois au plus, lorsqu'ils ont été donnés isolément.

Pour le cheval, les aliments complets sont : le lait, le produit des prairies naturelles et les grains.

Enfin l'expérience a démontré que la réunion des aliments complets déjà par eux-mêmes était très favorable à la nutrition.

M. Boussingault pense que pour déterminer la

valeur nutritive des aliments, il suffit de connaître leur dosage d'azote. Cette proposition n'est peut-être pas l'expression rigoureuse de la valeur nutritive de toutes les substances alimentaires; néanmoins elle indique que les substances protéiques sont plus abondantes et que, conséquemment, elles doivent favoriser l'acte de nutrition; tandis que les aliments respiratoires, toujours surabondants dans l'économie, n'ont pas la même importance.

Comme M. Colin, je crois que la faculté nutritive des matières alimentaires ne saurait être exactement déterminée, même lorsqu'elle est déduite de la composition chimique. L'expérimentation n'est pas un moyen à dédaigner, quoique moins rigoureux, et bien qu'elle ne se base que sur les faits pratiques et les résultats observés.

§ III. — Fourrages

On doit entendre par fourrages tous les végétaux secs ou verts, les différentes pailles, les feuilles d'arbres, les racines et les tubercules destinés à la nourriture des herbivores domestiques. Dans aucun cas, les grains ne doivent être rangés dans cette catégorie

§ IV. — **Du foin**

On appelle foin l'herbe fauchée, séchée et conservée dans le but de fournir des approvisionnements pendant la morte saison des plantes notamment. On dit très bien aujourd'hui : foin de luzerne, de trèfle, etc. Autrefois le vulgaire réservait cette dénomination au produit des prairies naturelles; on disait même avant la fauchaison : ces foins sont beaux! on appelait, au contraire, fourrage l'herbe des prairies artificielles.

Le foin des prairies naturelles constitue une nourriture très variée, un aliment complet, plus substantiel, plus tonique que l'herbe verte et fraîche, attendu qu'il contient beaucoup moins d'eau qu'elle. On sait, en effet, que 80 kilogr. d'herbe donnent à peine 20 kilogr. de foin.

Le foin convient aux animaux qui font de grandes dépenses musculaires, qui doivent exécuter des travaux pénibles et soutenus; tels sont les chevaux de l'artillerie, du train principalement; tels sont encore ceux des cuirassiers, qui ont une ossature forte, des muscles volumineux et un abdomen renfermant des organes digestifs d'une grande capacité et ayant besoin d'être lestés.

Il doit être donné en moins grande quantité aux chevaux de la cavalerie légère. Ce n'est pas sans raison que plusieurs écrivains ont avancé : que le foin distribué souvent en trop grande quantité prédisposait et même déterminait la pousse; la pression permanente des masses intestinales sur le diaphragme, pendant les allures vives, sollicite très souvent la rupture des vésicules aériennes, et l'emphysème pulmonaire en est la conséquence fatale. Dans tous les cas, l'alimentation avec une trop forte ration de foin rend les animaux lourds, gros mangeurs, détermine des digestions lentes et favorise le développement exagéré du ventre. Ce qui n'est pas un inconvénient pour les chevaux de trait ou de cavalerie, en devient un très grand pour les chevaux légers, destinés à parcourir de grandes distances dans un temps donné.

Les plantes fourragères sont alimentaires à des degrés différents, suivant qu'elles ont été fauchées trop tôt ou trop tard, suivant qu'elles ont été récoltées sur un terrain frais et fertile, ou sur un sol aride, sec et sablonneux. Les agronomes et les chimistes ont cherché depuis longtemps à déterminer la valeur nutritive de chaque plante, d'après sa composition chimique. Certes la chimie a fait faire d'immenses progrès à l'agriculture, mais nous croyons que ce serait montrer trop de crédulité que de s'en rapporter aveuglément aux résultats plus ou moins rigoureux obtenus dans les laboratoires. En effet, telle plante réputée très bonne, chimiquement, est impitoyablement refusée par les herbivores, par le cheval particulièrement, ce solipède si difficile et si fin appréciateur des herbes délicates, nutritives et toniques. Telle autre espèce, au contraire, peu riche en principes essentiels à la nutrition, s'il faut s'en rapporter à l'analyse, est appelée et consommée avec profit par les animaux.

On pourra vanter le *Plantain lancéolé*, et, comme

je l'ai écrit ailleurs, lui prodiguer les éloges à outrance, parce qu'il contient, paraît-il, 18 pour 100 de principes solubles et nutritifs; toujours est-il que les intéressés de la gente équine l'apprécient à sa juste valeur, le dédaignent dans les prairies, et qu'enfin dans maintes circonstances, on est réduit à défoncer les terrains qu'il a complétement envahis. Il en est de même de la *petite Marguerite*, nutritive comme 17 sur 100, de l'*Éperrière* ou *Piloselle*, comme 14 1 3, du *Millefeuilles*, comme 9, et de tant d'autres encore.

La chimie mettra vainement en relief les propriétés alimentaires des Bromes, mais surtout du *Brome stérile*; elle prêchera inutilement la culture de semblables produits herbacés, coriaces, et même d'un usage qui n'est pas sans inconvénient. Il nous semble qu'en pareille matière, les herbivores sont d'excellents experts, qui devraient être consultés. L'instinct est poussé fort loin chez les animaux, alors qu'il s'agit de leur alimentation et qu'ils sont abandonnés à eux-mêmes dans une prairie; ils y choisissent, non seulement les meilleures plantes, mais encore ils savent au besoin varier leur nourriture; on a constaté à ce propos que des bestiaux placés dans une prairie où il n'existait qu'une seule espèce fourragère, — d'ailleurs succulente et choisie, — quittaient pendant un certain temps ces herbages, afin d'aller le long des haies ou des murs paître une herbe grossière, qu'ils dédaignent habituellement au pacage.

Nous pensons donc que, pour confirmer les analyses chimiques, leur donner en un mot un intérêt tout pratique, il serait utile que les herbivores eussent voix consultative, comme cela eut lieu à l'époque où le célèbre Mathieu de Dombasle faisait des expériences pour éclairer cette question hygiénique, d'un intérêt majeur.

Les fourrages naturels contiennent moins d'azote que le produit des prairies artificielles, mais ils conviennent mieux, attendu qu'ils fournissent une alimentation complète; ce qui tient évidemment à la grande variété des plantes qui, chacune de son côté, apporte à la nutrition une foule de principes azotés ou non azotés, d'huiles fixes ou essentielles, de matières grasses, d'acides, de principes amers, émollients, sucrés, résineux, toniques ; puis des sels de chaux, de potasse, enfin du soufre, du fer, etc.

§ V. — Caractères extérieurs du foin naturel

Couleur. — Le foin doit avoir une couleur particulière, *d'un vert tendre*, quand il a été fauché à propos, convenablement fané, bien rentré et parfaitement emmagasiné. S'il se brise facilement et offre une teinte roussâtre, cela indique qu'il a été fauché trop tard ou laissé trop longtemps sur la prairie exposé aux rayons d'un soleil ardent. C'est, dans cette circonstance, *un foin passé* ou *brûlé*. Si, au contraire, il est pâle et étiolé, peu aromatique, tout en ayant conservé sa souplesse, c'est qu'il a été récolté dans des prés ombragés, c'est *un foin pâle, étiolé.* Quand à la pâleur se joint une odeur de moisi, on doit supposer qu'il a été coupé par la pluie et qu'il n'a pu être rentré dans de bonnes conditions. Un tel foin finit par se moisir complétement dans les magasins et se brise avec la plus grande facilité.

La couleur du foin est d'autant plus verte et franche, qu'il est de meilleure qualité et que sa récolte a été bien pratiquée.

Le foin des prairies élevées est presque toujours d'un vert jaunâtre ; celui des prairies basses, au milieu duquel existent abondamment : Joncées, Cypéracées et certaines espèces aquatiques, reflète constamment *une teinte verdâtre, glauque,* toute particulière.

Le meilleur foin jaunit en vieillissant, se dessèche et se réduit en poussière sous la moindre traction. *Les foins comprimés* conservent pendant fort longtemps leur couleur primitive, tant qu'ils n'ont pas été entamés ou manutentionnés.

Odeur. — Elle doit être légèrement aromatique, ce qui tient à l'évaporation des huiles essentielles renfermées dans les plantes. La Flouve odorante légèrement froissée entre les doigts, un peu avant la floraison, répand une odeur agréable, qui rappelle assez bien le parfum exhalé par un foin de bonne provenance.

Fig. 1. — Tanaisie vulgaire, *Tanacetum vulgare* SYNANTHÉRÉES), croît dans les prairies un peu fraiches et principalement dans les lieux incultes ; donne une mauvaise odeur aux foins. Sa tige dressée, haute d'environ 1 m., porte des feuilles pennatipartites et, en juin-août, un grand nombre de petits capitules jaunes disposés en corymbe dense terminal.

Les plantes des coteaux, celles du midi de la
France, notamment, sont plus
fines, plus odorantes, plus toniques que celles du nord et du
centre. Les fourrages des prairies
basses et marécageuses répan-
dent une odeur toute particulière
de marais. Quant aux foins récoltés
sur des prairies mal entretenues,
sur des terrains pauvres, ils ont
une médiocre composition et renferment en quantité plus ou moins
grande des plantes qui répugnent
aux herbivores, au cheval principalement ; telles sont : *la Matri-
caire des champs (Matricaria ino-
dora). — la Tanaisie* (fig. 1), —

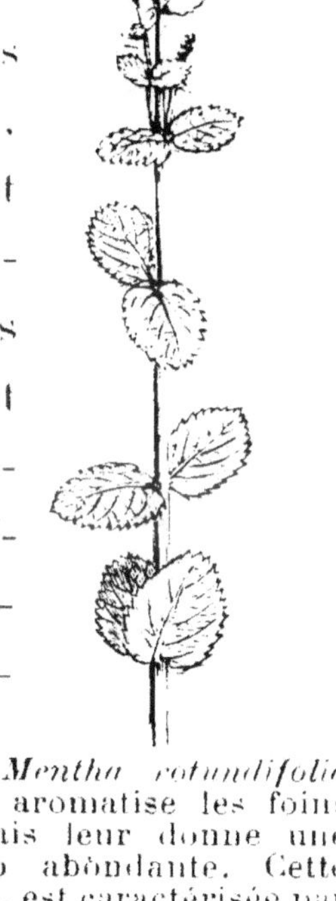

Fig. 2. — Menthe à feuilles rondes, *Mentha rotundifolia*
(LABIÉES), vient dans les prés humides ; aromatise les foins
quand elle existe en petite quantité, mais leur donne une
odeur désagréable quand elle est trop abondante. Cette
Menthe, qui peut s'élever jusqu'à 40 cent., est caractérisée par
des feuilles ovales-arrondies, crénelées, blanchâtres et tomenteuses en dessous, et par des fleurs très petites, blanches ou
rosées, groupées en glomérules nombreux dont l'ensemble
forme un épi cylindrique souvent rameux.

les *Menthes*, notamment les *Mentha rotundifolia*
(fig. 2), *Pulegium* (fig. 3), *aquatica, arvensis, sylvestris, candicans*, etc.. — le Géranium, dit *herbe*

Fig. 3. — Menthe Pouliot, *Mentha Pulegium* (LABIÉES),
mêmes observations que pour la précédente. Cette espèce, qui
est également très répandue dans les prés humides, n'excède
pas 30 cent. de hauteur; ses feuilles sont elliptiques, glabres,
et ses fleurs lilas ou bleuâtres.

à Robert (fig. 4). — l'Anthrisque sauvage. — la Ciguë tachée ou grande Ciguë (Conium maculatum).

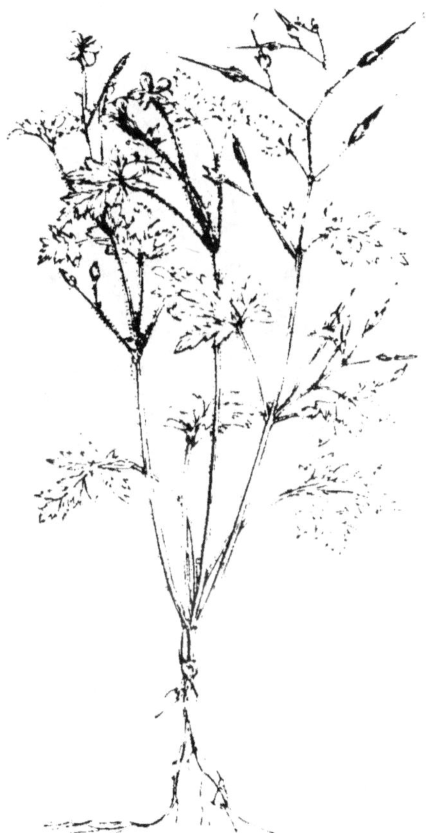

Fig. 4. — Géranium herbe à Robert *Geranium Robertianum* (GÉRANIACÉES), végète quelquefois dans les prés ombragés ; répand une odeur fétide et constitue un mauvais aliment. Plante annuelle un peu velue, à tige dressée, rameuse, haute de 15 à 30 cent., à feuilles palmatiséquées et à fleurs formées de cinq pétales purpurins.

— *l'Hyèble (Sambucus Ebulus),* — *l'Armoise* (fig. 5),

Fig. 5. — Armoise vulgaire, *Artemisia vulgaris* (SYNANTHÉRÉES : vient dans les prairies non soignées ; constitue un aliment amer, peu du goût des herbivores. Espèce employée en médecine comme tonique. Les tiges robustes, dressées et un peu rameuses de l'Armoise peuvent dépasser 1 mètre de hauteur ; elles portent des feuilles pennatipartites, blanchâtres et mollement tomenteuses en dessous. La réunion des nombreux petits capitules de fleurs insignifiantes et verdâtres qui les terminent forme une longue grappe pyramidale ou paniculée.

l'Inule conyzée. — la Gratiole (fig. 6). — *la Pul-*

Fig. 6. — Gratiole officinale, *Gratiola officinalis* (SCROPHU-
LARIÉES); habite les marais et les prairies humides et marécageuses où elle n'est cependant pas très commune. De ses
souches longuement rampantes partent des tiges dressées,
simples, de 30 à 40 cent. de hauteur; ses feuilles sont opposées, sessiles, lancéolées, et ses fleurs irrégulières, qui se
montrent de juin à juillet, sont blanches ou rosées et situées
à l'extrémité de pédoncules axillaires.

caire commune (fig. 7). — *la Sauge des prés* (fig. 8),

Fig. 7. — Pulicaire commune, *Pulicaria vulgaris* (SYNAN-THÉRÉES) : vient dans les prés humides, au bord des eaux ; répand une mauvaise odeur, et, comme la Pulicaire ou Inule dysentérique (*Pulicaria dysenterica*), constitue un mauvais aliment. C'est une plante annuelle à tige dressée rameuse, de 25 à 30 cent. de hauteur ; à feuilles molles, onduleuses ; les inférieures atténuées en pétiole, les supérieures lancéolées, sessiles ; à capitules (fleurs) solitaires, terminaux, jaunâtres.

— le *Lamier rouge* (*Lamium hirsutum*). — la *Bal-*

Fig. 8. — Sauge des prés *Salvia pratensis* LABIÉES : se rencontre dans toutes les prairies ; fournit une herbe dure et d'une odeur désagréable ; n'est pas à rechercher dans les fourrages. Cette Labiée, l'une de nos plus élégantes plantes indigènes, est vivace ; ses tiges dressées ou ascendantes, qui partent de souches profondément enterrées dans le sol, atteignent de 50 à 80 cent. ; ses feuilles sont opposées : les inférieures ovales-lancéolées, les supérieures sessiles et même embrassantes ; toutes réticulées-bosselées. Les fleurs sont grandes, irrégulières, généralement bleues, parfois blanches ou roses et groupées en glomérules distants dont l'ensemble forme de longues grappes spiciformes rameuses.

lote fétide (*Ballota fœtida*), — la *Jusquiame noire*
(fig. 9). — les *Renoncules âcre* (fig. 10), *rampante*

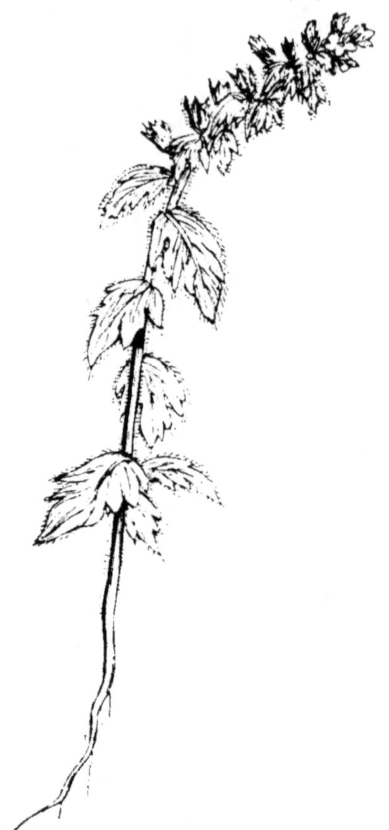

Fig. 9. — La Jusquiame noire, *Hyosciamus niger* (SOLANÉES) :
pousse surtout dans les prés incultes ; répand une odeur
nauséabonde et constitue une plante fort dangereuse.

La Jusquiame noire est annuelle ; cependant elle peut
vivre deux ou trois ans, surtout dans les sols peu souvent
travaillés. Dans ce cas, ses racines sont volumineuses, pivo-
tantes et peu ramifiées. Quoi qu'il en soit, du collet de la

racine se développe, au printemps,
une tige dressée, simple ou rameuse,
atteignant parfois jusqu'à 70 et 80 c.
de hauteur ; celle-ci est accompagnée
de feuilles alternes, très molles,
velues, pubescentes : les inférieures
ovales ou oblongues plus ou moins
sinueuses ; les suivantes décrois-
santes. Les fleurs, qui occupent la
partie supérieure de ces tiges, sont
pour ainsi dire sessiles et disposées
en un long épi unilatéral feuillé. A
ces fleurs en forme d'entonnoir peu
évasé, de teinte jaunâtre veiné de
violet et munies intérieurement
d'une tache purpurine, succèdent
des fruits capsulaires à deux loges
qui s'ouvrent circulairement par un
opercule. — La Jusquiame noire
fleurit de mai à juillet. C'est d'ailleurs une plante assez peu répandue.

Fig. 10. — Renoncule âcre ;
Ranunculus acris (RENONCULACÉES) ;
très mauvaise herbe des prairies un
peu humides, qu'elle envahit rapidement. Cette Renoncule, qui est
souvent désignée sous les noms
vulgaires de *Bassinet* et de *Bouton
d'or*, est caractérisée par des souches
horizontales donnant naissance à
des feuilles palmatipartites et à des
tiges feuillées d'environ 40 cent.
de hauteur ; celles-ci sont terminées
par des fleurs formées d'un calice à
cinq cépales, d'une corolle de cinq
pétales jaune doré, et d'une grande
quantité d'étamines qui entourent
de nombreux pistils.

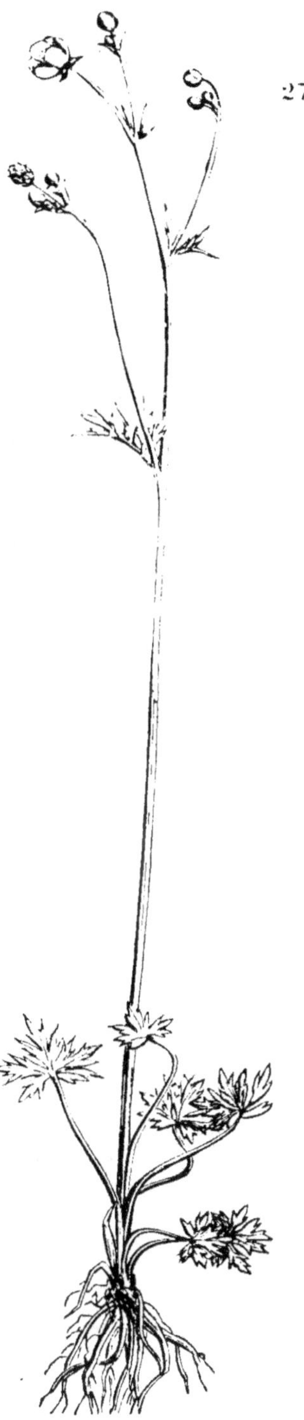

Ranunculus repens, et *bulbeuse* (fig. 11), etc. Toutes

Fig. 11. — Renoncule bulbeuse. — Bouton d'or. *Ranunculus bulbosus;* de la même famille que la précédente dont elle partage les mauvaises qualités. On la trouve surtout dans les prairies un peu sèches. De sa souche bulbiforme naissent des feuilles une ou deux fois ternées et des tiges de 2 à 4 décimètres. Ses fleurs sont également jaunes mais plus grandes que la Renoncule âcre dont elle diffère en outre par ses sépales réfléchis.

ces plantes exhalent des odeurs particulières qui déprécient singulièrement le fourrage.

Poids. — Le foin de bonne composition, qui a été coupé à temps, bien fané et rentré depuis peu, a plus de poids que celui qui est passé, brûlé ou qui a vieilli en magasin. Les tiges sont d'autant plus flexibles, élastiques et lourdes, que le foin a été mieux récolté. Les foins du centre de la France ont plus de poids, plus de souplesse que ceux du midi et du nord.

Goût. — Les bonnes herbes après la fenaison, ont une saveur douceâtre avec arrière-goût amer, qui ne déplaît pas aux herbivores. Le foin du midi est plus aromatique et plus savoureux. Les herbes des prairies basses sont aigres, âcres, acerbes et ont un goût désagréable.

Lorsque les plantes les plus dédaignées, on peut même dire dangereuses, existent en très petite quantité dans les foins, elles sont inoffensives; d'aucuns prétendent même qu'elles agissent comme *assaisonnantes.*

Voici maintenant la composition chimique du foin nature, d'après M. Boussingault :

Eau, 13,00 — matières azotées, 7,20 — amidon, sucre, 44,20 — ligneux, cellulose, 24,20 — corps gras, 3,80 — cendres, 7,60.

Les 7,60 de cendres contiennent :

Silice, 2,56 — chaux, 1,55 — soude, potasse, 1,31 — magnésie 0,46 — acide phosphorique, 0,40 — soufre, fer, alumine, chlore et charbon, 1,32.

D'après les analyses entreprises par M. Langlois, pharmacien militaire, les foins nouveaux sont plus nutritifs que les foins anciens au milieu desquels se trouve plus abondamment la fibre ligneuse et une moins grande quantité de matières solubles, par suite de la fermentation à laquelle les expose leur mode de conservation.

D'un autre côté, il ressort des expériences entreprises par la commission d'hygiène hippique, que l'on peut distribuer sans inconvénient le foin nouveau, contrairement aux idées anciennes ; que les chevaux s'en accommodent fort bien, gagnent

en embonpoint sans perdre de leur vigueur. Il y
a peu d'années encore, on croyait que les fourrages nouveaux déterminaient des affections cu-
tanées, des irritations intestinales, des coliques,
des maladies vertigineuses, etc... L'expérience a
démontré que ces appréhensions ne sont pas toujours confirmées par la pratique. Ces essais de
la commission d'hygiène ont, il faut en convenir,
une grande portée économique, puisqu'en cas
de pénurie fourragère, il serait possible d'utiliser
quelques mois plus tôt des aliments de bonne
qualité, inoffensifs, — lorsque le fanage et la
rentrée ont été faits dans de bonnes conditions,
— mais surtout d'un prix peu élevé.

Il est certain que si les fourrages de l'année
précédente ont été abondants et de bonne qualité,
il n'y a pas de raison pour les remplacer brusque-
ment par des foins nouveaux ; dans cette circonstance, on peut parfaitement attendre sans le
moindre inconvénient. Cependant, si l'approvisionnement en foin ancien était tellement réduit
qu'il dût être épuisé 15 ou 20 jours après la coupe

des herbes nouvelles, rien ne serait plus facile
que de tolérer un mélange, à parties égales, de
foin nouveau et de foin vieux. Cette opération
ferait gagner du temps et préviendrait toute
espèce de commentaires.

———————

CHAPITRE II

COMPOSITION BOTANIQUE DES FOINS

§ 1ᵉʳ. — Prairies basses, marécageuses, inondées

Ces prairies qu'on rencontre plus particulièrement dans les bas-fonds et dont il existe aussi quelques exemples sur les coteaux plus ou moins élevés de la plaine et des montagnes sont, le plus souvent, très productives ; mais, en raison même de la diversité ou du grand nombre des espèces qui les peuplent, leur qualité laisse le plus souvent à désirer. En effet, aux plantes qui constituent le fond de la végétation de ces localités et qui appartiennent principalement aux Graminées, aux Légumineuses, aux Composées, aux Ombellifères, aux Labiées et aux Crucifères dont les plus répandues donnent en général un bon fourrage, il faut ajouter plusieurs sortes de plantes et notamment des Cypéracées, Joncées, Renonculacées, etc., dont la présence ne peut que rendre le foin de basse qualité.

Graminées

Parmi les Graminées les plus répandues dans les localités indiquées ci-dessus, nous devons surtout indiquer les suivantes : — la Glycérie flottante (fig. 12), — la Glycérie aquatique (fig. 13),

Fig. 12. — Glycérie flottante. *Glyceria fluitans :* très bonne

plante fourragère des prairies
inondées et marécageuses. Très
commune, surtout dans les fossés, les étangs, les mares. La
Glycérie flottante ou Fétuque
flottante est l'une de nos graminées les mieux caractérisées.
Ses souches rampantes donnent
naissance à des chaumes tiges
de près de 1 mètre de longueur
d'abord étalés ou radicants, puis
dressés ; ses feuilles sont planes
linéaires-aiguës, à ligule oblongue et assez courte ; ses fleurs
réunies en épillets cylindriques
forment, de mai à août, une
panicule allongée et unilatérale.

Fig. 13. — Glycérie aquatique, *Glyceria aquatica* ou mieux
G. *spectabilis*. C'est le Paturin
aquatique de Linné. Cette grande
graminée croît au bord des eaux
et dans les prés marécageux ;
elle fournit un bon fourrage
vert, mais devient dur et n'est
pas appréciée dans le foin. Sa
racine est rampante et ses
chaumes droits, munis de feuilles
largement linéaires-acuminées,
planes et un peu rudes, à ligule
courte, dépassent 1 m. 10 de
hauteur ; ils sont terminés en
juillet-août, par une ample panicule diffuse et très rameuse formée d'épillets linéaires oblongs-
un peu comprimés.

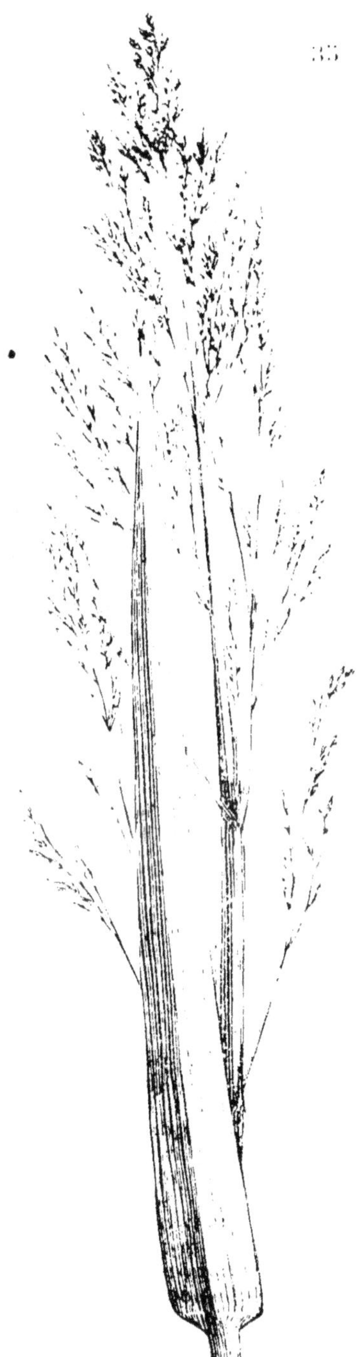

bonnes plantes fourragères. — L'Alpiste roseau

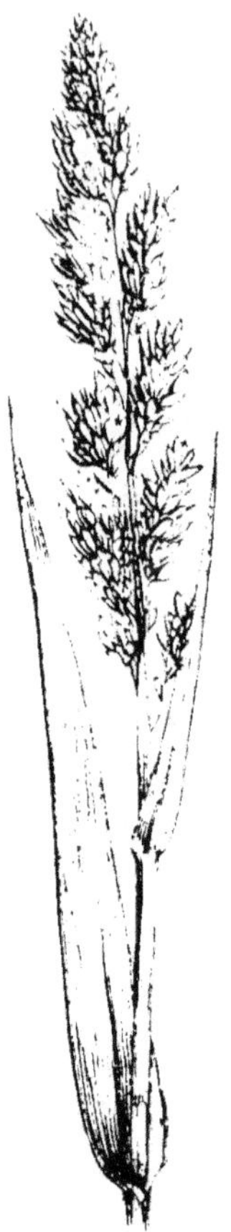

Fig. 11. — Alpiste roseau, *Phalaris arundinacea* : *Baldingera arundinacea* ; habite les mêmes stations que la Glycérie dont il a, au point de vue qui nous occupe, les qualités et les défauts. Cependant il peut prospérer dans les sols un peu secs à pente rapide, mais seulement dans les terrains où le calcaire domine. On sait que les bestiaux ne l'acceptent à l'état sec que lorsqu'il a été coupé au moins quinze jours avant sa floraison. C'est une plante traçante par excellence, et dont nos jardins d'agrément possèdent une variété intéressante : le *Phalaris arundinacea* var. *picta* caractérisée par des feuilles rubanées de vert et de blanc.

(fig. 14). — le Phragmite ou Roseau commun.

Fig. 15. — Le Roseau commun, *Phragmites communis* ou *Arundo Phragmites*, est la graminée généralement connue sous le nom de Roseau à balais. C'est un fourrage qui ne peut être passable qu'au premier vert ; sa présence dans le foin indique qu'il a été récolté sur des terrains marécageux ou submergés. Ce sont, en effet, ses stations de prédilection. Ses

dur (fig. 15), assez bon fourrage. — la Fétuque roseau
(fig. 16) :

souches sont longuement rampantes
et émettent des chaumes durs, dressés
et très feuillés, qui excèdent 1 m. 50
de hauteur; ses feuilles sont grandes,
linéaires, lancéolées, planes et un peu
rudes sur les bords; ses fleurs sont,
ainsi que le montre la figure 15, nombreuses et leur réunion forme une
vaste panicule d'abord dressée, puis
penchée.

Fig. 16. — Fétuque roseau, *Festuca
arundinacea*, bonne graminée des prés
humides : son fourrage est un peu dur,
mais nutritif. Cette fétuque croît spon-
tanément aux bords des eaux : sa
souche est rampante et stolonifère :
ses chaumes sont robustes et dépassent
souvent, dans les lieux qu'elle affec-
tionne, 1 m. 50 de hauteur : ils portent
des feuilles très longues, souvent larges
d'un centimètre, planes, un peu rudes
sur les bords et à la face supérieure.
Ses fleurs sont réunies en épillets
ovales-lancéolés et la réunion de ceux-
ci produit une grande panicule étalée
et penchée au sommet.

la Catabrose aquatique (fig. 17), bonne plante :

Fig. 17. — Catabrose aquatique, *Catabrosa aquatica*; très bonne graminée des prairies humides et marécageuses; elle fournit un foin délicat, nutritif, très recherché des herbivores. C'est l'ancien *Aira aquatica L.* On ne la rencontre que dans les prairies très humides : les marais et les fossés sont ses stations naturelles. Sa souche est rampante, radicante et stolonifère; ses chaumes, d'abord horizontaux, puis dressés, sont munis de feuilles molles, d'un vert glauque, courtes, planes, linéaires lancéolées. Les fleurs forment une panicule assez grande, d'abord pyramidale, dressée, puis étalée.

la Léersie à fleurs de riz (fig. 18), bonne; la e

Fig. 18. — Léersie à fleurs de riz, *Leersia oryzoides*; elle
croît comme la précédente, dans les prés humides, mais surtout au milieu des plantes qui habitent le long des rivières;
elle constitue une bonne espèce alimentaire. Sa souche rampante et stolonifère émet des tiges tantôt dressées tantôt cour-
bées à la base et dont la hauteur totale dépasse souvent 1 m.;

Phléole noueuse (fig. 19).

bonne :

elles sont munies de feuilles planes
linéaires acuminées, très rudes et
d'un vert tendre. Les fleurs sont
portées sur des rameaux grêles et
flexueux, et leur ensemble constitue
une panicule lâche.

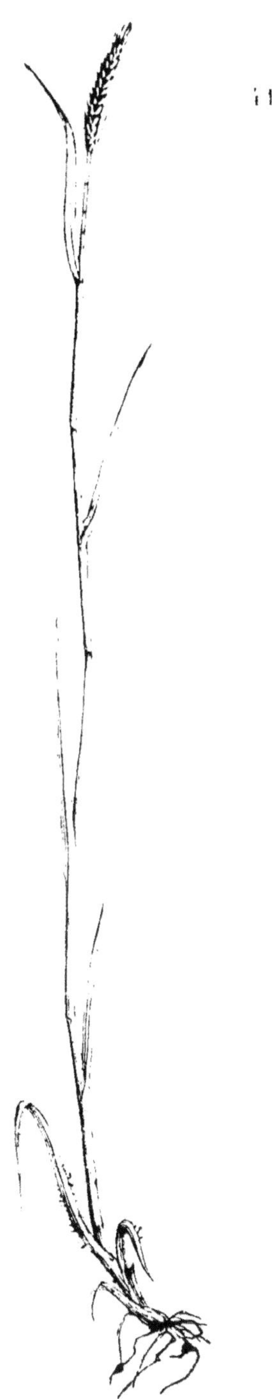

Fig. 19. — Fléole ou Phléole
noueuse, *Phleum nodosum*, est une
bonne petite graminée des prés
calcaires et plutôt secs qu'humides.
Ce *Phleum*, qui n'est généralement
considéré que comme une variété
à souche tuberculeuse du *P. pratense*, et qui est beaucoup moins
répandu que le type de l'espèce
Timothy, présente des chaumes
souvent genouillés à la base, hauts
d'environ 30 à 40 cent. Ils sont
munis de feuilles linéaires aiguës
et un peu rudes. Les fleurs sont,
comme dans toutes les espèces de
ce genre, groupées en une sorte
de panicule resserrée en épi.

le Vulpin genouillé (fig. 20), est une bonne plante

Fig. 20. — Vulpin genouillé, *Alopecuros geniculatus*, est un
gramen des prairies basses et humides, et constitue une
excellente fourragère. La racine de ce Vulpin, qu'on trouve si
communément dans les lieux humides et les marais, est
fibreuse; ses tiges, genouillées aux nœuds, couchées, radi-

l'Agrostide blanche (fig. 21), bonne; le Paturin

cantes puis dressées, peuvent s'élever à 3 décim. Ses feuilles sont glaucescentes, linéaires-aiguës et un peu rudes. Ses fleurs sont groupées en panicules spiciformes cylindriques.

Fig. 21. — Agrostide blanche, *Agrostis alba*, est une herbe excellente qui se rencontre, comme la précédente, dans les lieux humides.

Plusieurs auteurs rattachent à cette plante l'Agrostide stolonifère (*Agrostis stolonifera*). Quoi qu'il en soit, cette graminée, qui présente une forme très variable, émet de ces souches des stolons tantôt couchés, tantôt rampants; ses feuilles sont courtes, planes, linéaires aiguës; ses tiges fleuries sont ou dressées ou couchées, ou rampantes; l'ensemble des fleurs forme une panicule oblongue, très rameuse et presque toujours contractée avant et après l'anthèse.

commun (fig. **22**), est une bonne espèce alimen-

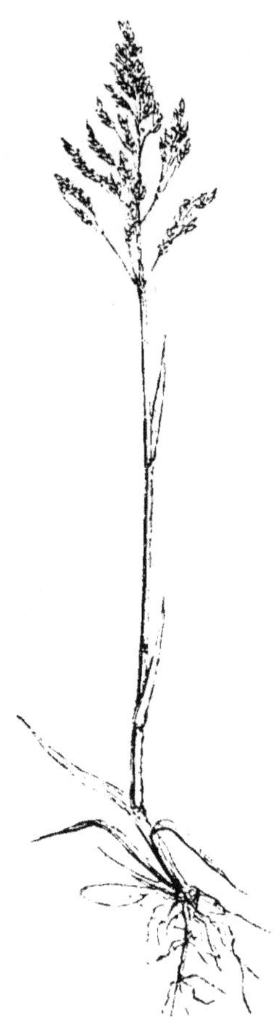

Fig. 22. — Le Paturin commun, *Poa trivialis*, est une graminée de première qualité, procurant un très bon foin et rehaussant la valeur des herbes des fourrages. On le trouve dans les prés et les lieux humides. Sa racine est fibreuse et ses chaumes, élevés de 50 à 80 cent., sont radicants à la base, étalés puis redressés ; ils portent des feuilles linéaires, aiguës, planes à ligule très-allongée, et des fleurs groupées en panicule étalée, pyramidale, diffuse.

taire ; l'Agropyre rampant (fig. 23), assez bonne
plante.

Fig. 23. — L'Agropyre rampant ou petit Chiendent, *Agro-
pyrum repens, Triticum repens*, ne peut être toléré qu'au voi-
sinage des cours d'eau ; ailleurs, il envahit les prés et étouffe
les autres herbes. Cette plante qui est très variable, a des
racines très longuement rampantes ; ses tiges, qui atteignent
parfois jusqu'à 1 mètre de hauteur, sont dressées et plus ou
moins rameuses à la base ; elles sont entourées de feuilles
linéaires aiguës et terminées par des épillets tantôt mutiques,
tantôt aristés dont la réunion forme un épi simple, distique et
dressé.

Cypéracées

Toutes fournissent un foin coriace, grossier, et peu alimentaire, difficile à digérer. Telles sont, q

Fig. 24. — Souchet long. *Cyperus longus* : mauvaise herbe des prairies marécageuses et inondées ; sa présence dans le fourrage dévoile son origine. Ce *Cyperus* peut dépasser 1 m. de hauteur. Sa souche est épaisse, très longuement rampante et aromatique ; ses tiges sont droites, triquètres et entourées de longues feuilles linéaires, rudes sur les bords et sur la carène ; ses fleurs sont réunies en épillets sessiles, linéaires aigus et formant des grappes assez lâches et dressées.

entre autres, les Souchets (fig. 24), le Choin noi-

Fig. 25. — Choin noirâtre, *Schœnus nigricans*; comme la précédente, elle entre dans la composition des foins plats et marécageux; elle est un peu nutritive, coriace et d'une digestion difficile. Sa racine est fibreuse; ses tiges grêles et arrondies qui dépassent souvent 50 cent. de hauteur et qui sont munies à leur base de gaines noirâtres, forment des touffes compactes et d'une extraction difficile; ses feuilles qui partent toutes de la racine sont étroites, triquètres; ses inflorescences sont formées d'épillets d'un brin luisant réunis en capitule terminal, ovoïde, accompagné d'un involucre à deux bractées engainantes.

râtre (fig. 25), le Scirpe maritime, *Scirpus mari*

Fig. 26. — Scirpe maritime, *Scirpus maritimus* : c'est une mauvaise plante qui se trouve au milieu des foins de basse qualité et marécageux. Sa souche est très traçante et renflée çà et là en tubercules ; ses tiges sont fasciculées, dressées, triquêtres et très effeuillées ; leur hauteur peut excéder 1 mètre. Ses feuilles sont très longues, linéaires, planes, carénées et rudes sur les bords ; ses fleurs sont réunies en petits épis ovales ou oblongs qui forment une cime simple et terminale.

mus (fig. 26), et la Laiche glauque, *Carex glauca*
(fig. 27).

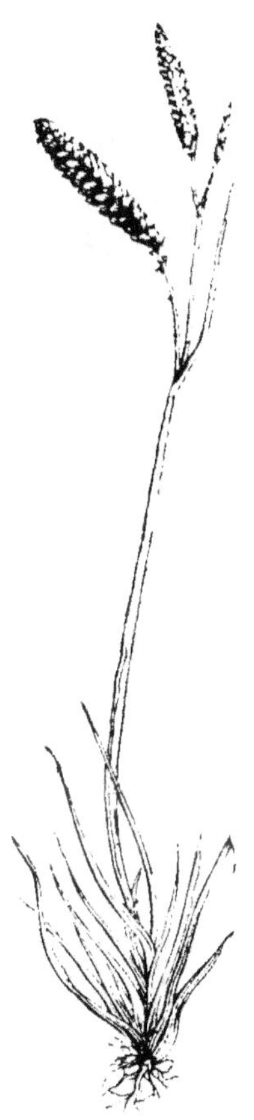

Fig. 27. — Laiche glauque, *Carex glauca*; croît dans les
mêmes lieux et possède les mêmes défauts que les Cypéracées
en général. Cette Laiche excède parfois plus de 30 cent. de
hauteur; ses souches sont rampantes et stolonifères; ses
tiges sont dressées et entourées à la base de feuilles glauques,
linéaires, scabres sur les bords et carénées. Les tiges dressées
cylindriques portent de un à trois épis de fleurs mâles et de
deux à trois épis de fleurs femelles à peu près cylindracés,
pédonculés et penchés à la maturité des fruits.

On peut en dire autant des Joncées, notamment des *Juncus conglomeratus* (fig. **28**),

Fig. 28. — Jonc a fleurs agglomérées, *Juncus conglomeratus*: déprécie considérablement le foin. Ce jonc croît surtout dans les fossés et les bois humides. La souche émet des rhizomes couchés et traçants d'où s'élèvent, a 50 ou 60 cent., de nombreuses tiges rapprochées, droites, raides, cylindriques et très fragiles; chacune d'elles est munie a la base d'une gaîne noirâtre, aphylle; — les tiges fertiles sont nues et les petites fleurs qu'elles portent au-dessous de leur sommet sont réunies en cimes compactes, d'abord jaunâtres, puis brunâtres.

effusus et du Jonc glauque. *Juncus glaucus* fig. 29.

Fig. 29. — Jonc glauque, *Juncus glaucus*: n'est pas meilleur que l'espèce *conglomeratus*. C'est le jonc des jardiniers. Sa souche est rhizomateuse, horizontale et très traçante; ses tiges glauques, roides, cylindriques et très tenaces peuvent dépasser 6 décim. de haut.; ses feuilles sont nulles et remplacées par des gaînes radicales rouge noirâtre; ses fleurs insignifiantes constituent une panicule latérale tantôt compacte, tantôt diffuse.

Légumineuses

Les plantes légumineuses ou papilionacées qui doivent nous intéresser sont : le lotier des marais, *Lotus uliginosus* ou *Lotus major*, le Tétragonolobe

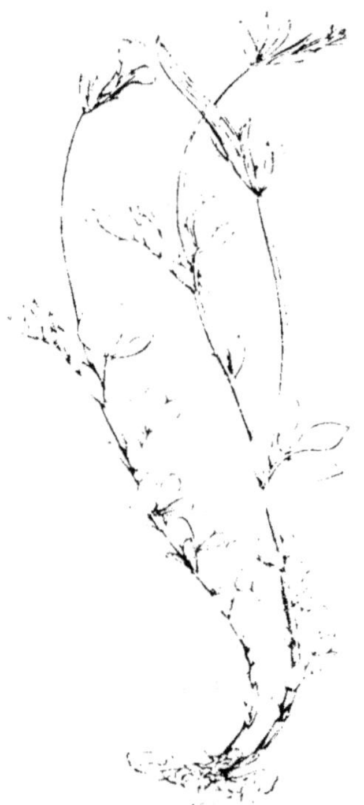

Fig. 38. — Tétragonolobe siliqueux, *Tetragonolobus siliquosus* : c'est une excellente fourragère des prés humides et des pâturages marécageux. De sa souche ligneuse, couchée et radicante naissent des tiges rameuses, étalées ou ascendantes de 10 à 30 cent., de hauteur; ses feuilles sont à trois folioles glaucescentes, obovales et accompagnées de stipules ovales embarrassantes; ses fleurs irrégulières sont assez grandes, jaunâtres et veinées de purpurin sur l'étendard; elles sont solitaires, rarement réunies au nombre de deux et longuement pédonculées; son fruit est une gousse glabre munie de quatre ailes étroites.

ou Lotier siliqueux (fig. 30), le Trèfle des prés

Fig. 31. — Trèfle des prés, *Trifolium pratense*, très bon fourrage sec; consommé en vert, il produit quelquefois la météorisation. Tout le monde connaît les propriétés de cette excellente plante. Sa souche vivace et écailleuse produit des feuilles stipulées en faisceaux, et des tiges dressées d'environ 40 cent. de hauteur, parfois davantage, simples ou rameuses, tantôt glabres, tantôt un peu pubescentes ; ses feuilles radicales et caulinaires inférieures sont pétiolées ; leurs folioles sont ovales, obtuses, entières, souvent maculées au centre ; les supérieures presque sessiles. Ses nombreuses petites fleurs rouge clair, plus rarement blanchâtres, sont réunies en capitules arrondis ou ovales, souvent gemmés et presque sessiles.

fig. 31). la Craque élevée (fig. 32), la Gesse des marais, etc. Toutes sont, nous le répétons, d'excellentes espèces fourragères.

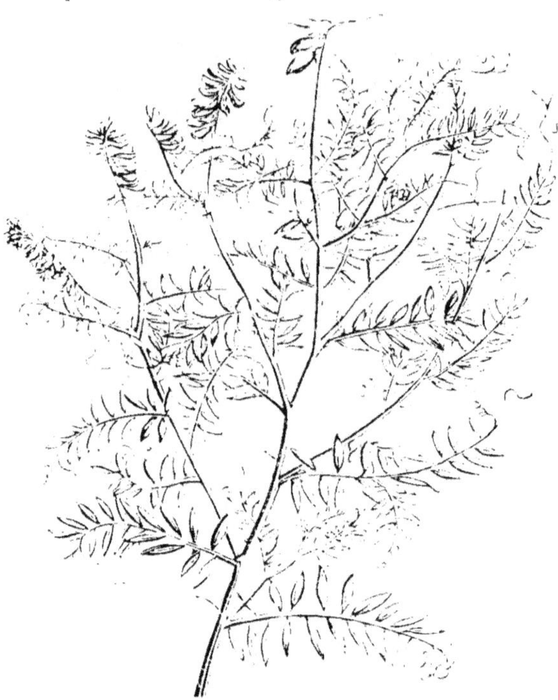

Fig. 32. — La Vesce Craque ou élevée, *Cracca major* ou *Vicia Cracca*; c'est une plante productive, alimentaire, fort recherchée de tous les herbivores. On peut la cultiver en prairie artificielle, mêlée à une céréale quelconque pour lui permettre de ramer. Cette plante est vivace. Sa souche un peu dure et rampante émet des tiges grêles, anguleuses, grimpantes à l'aide de vrilles rameuses, qui peuvent atteindre plus de 1 mètre de hauteur; elles portent des feuilles alternes, stipulées et composées de folioles nombreuses, oblongues, lancéolées ou linéaires; ses abondantes petites fleurs bleues ou violettes parfois mélangées de blanc sont disposées en grappes serrées, unilatérales; ses gousses sont glabres, linéaires, oblongues et comprimées.

Crucifères et Labiées

Les plantes qui appartiennent à ces deux familles si naturelles et dont il existe d'assez nombreux représentants dans les prairies sont peu du goût du cheval.

Synanthérées

Au nombre des bonnes *Synanthérées* il faut citer les suivantes qui rentrent toutes dans le vaste groupe des Chicoracées. Ce sont d'abord quelques Épervières, notamment la Piloselle, *Hiéracium Pilosella*; puis l'Épervière à oreillettes, *Hieracium Auri-*

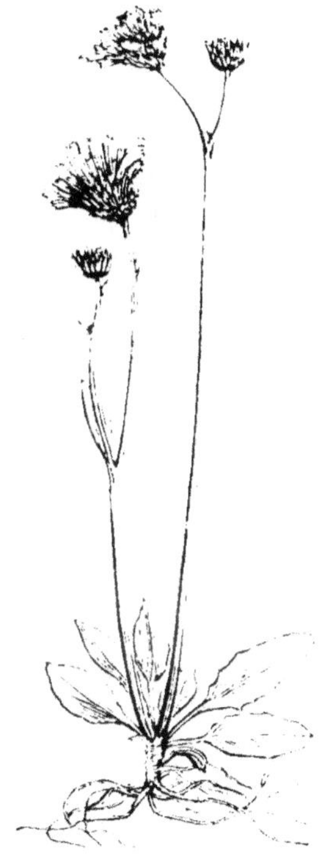

Fig. 33. — L'Épervière à oreillettes, *Hieracium Auricula*, croît dans les pelouses et les prés plutôt secs que frais. Sa souche rampante donne naissance à des stolons étalés, radicants et feuillés. Ses tiges dressées d'environ 15-20 cent. de hauteur et que terminent un petit nombre de calathides (fleurs jaune clair sont accompagnées à leur base de feuilles oblongues lancéolées, glauques et, comme celles des souches stériles, disposées en rosette.

cula (fig. 33), des Laitrons, surtout le *Sonchus*

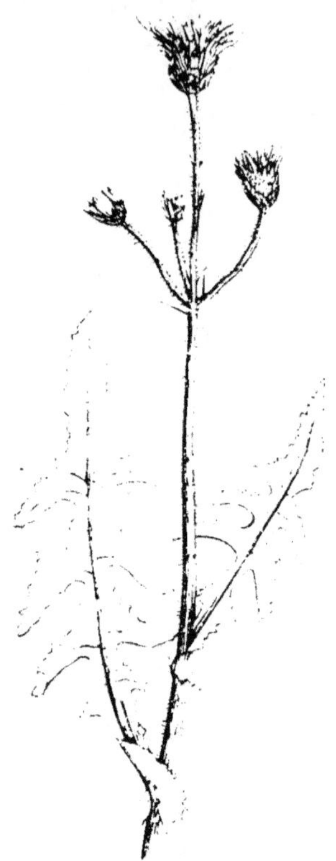

Fig. 34. — Laitron des marais, *Sonchus palustris*, est une excellente herbe des prairies basses et inondées. Ses robustes tiges dressées et fistuleuses, qui partent de souches rameuses non stolonifères, sont glabres à la base, poilues glanduleuses dans les deux tiers de leur partie supérieure et dépassent souvent 2 mètres de hauteur; elles sont munies de grandes feuilles alternes; les caulinaires embrassantes, roncinées, pinnatifides, les supérieures souvent entières. Ses fleurs (calathides) sont assez nombreuses et situées au sommet de pédoncules assez longs et disposés en corymbe ample et étalé.

palustris (fig. 34). et celui des champs *Sonchus arvensis*, enfin le Pissenlit (fig. 35

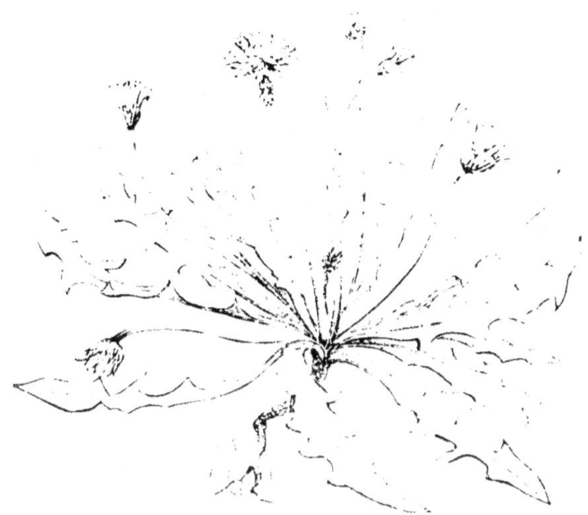

Fig. 35. — Pissenlit, *Taraxacum dens Leonis*, si connu par les abondantes salades qu'il fournit, est une espèce que les animaux recherchent surtout au pâturage. D'une racine pivotante naissent des feuilles toutes radicales, glabres, oblongues, lancéolées dans leur contour, et plus ou moins roncinées ou pinnatifides; puis des hampes dressées, fistuleuses et terminées par une seule fleur (calathide jaune, à involucre formé d'écailles imbriquées.

Renonculacées et Ombellifères

Les *Renonculacées* et les *Ombellifères* ne fournissent que des herbes médiocres, généralement mauvaises et parfois même vénéneuses.

Toutes les autres plantes de diverses familles, qui croissent dans ces prairies, offrent peu d'intérêt au point de vue alimentaire.

§ Ier. — Prairies moyennes et arrosées

Graminées

Ici encore les graminées entrent pour une large part dans la composition des prairies. Nous rappellerons surtout les suivantes : la Phléole des prés fig. 36 , très bonne. — la

Fig. 36. — Phléole des prés, *Phleum pratense*; belle et grande espèce fourragère, qui a été cultivée isolément en Angleterre sous le nom de timothy-grass, dénomination sous laquelle sa variété *nodosum* ou Phléole noueuse est aussi cultivée; elle devient d'autant plus vigoureuse que le terrain est plus frais. La Phléole des prés est une graminée cespiteuse, dont les tiges grêles et dressées peuvent s'élever jusqu'à 60 cent.; ses feuilles sont longues, planes et un peu rudes sur les bords; ses fleurs sont formées de petits épillets dont la réunion compose une panicule spiciforme à peu près cylindrique.

l'Flouve odorante (fig. 37), très bonne. — le Vul-

Fig. 37. — Flouve odorante, *Anthoxanthum odoratum*: précieuse fourragère, qui communique son parfum aux foins, elle acquiert de la taille et de la vigueur dans les prairies fraîches. Souche cespiteuse, à tiges dressées, pouvant atteindre jusqu'à 40 cent. de hauteur et munies de feuilles planes, linéaires aiguës, tantôt glabres, tantôt velues. La réunion de ses fleurs forme une panicule dense, cylindrique oblongue.

pin des prés (fig. 38) et le Vulpin des champs (fig. 39), excellents. — la Sétaire verte, *Setaria*

Fig. 38. — Vulpin des prés, *Alopecurus pratensis*; très précoce et très abondant sur les terrains frais; constitue un excellent aliment. Souche stolonifère donnant naissance à des chaumes dressés un peu genouillés à la base, variant entre 40 et 80 cent. de hauteur, et munis de feuilles linéaires lancéolées, aiguës, rudes sur les bords. Ses fleurs sont groupées en panicule spiciforme cylindrique.

Fig. 39. — Vulpin des champs, *Alopecurus agrestis*; quoique moins abondant que celui des prés, il fournit cependant une excellente ressource fourragère sur les prés arrosés. Plante annuelle et cespiteuse, vulgairement désignée sous le nom de queue-de-rat; ses tiges, hautes de 4 à 5 décim., forment des touffes un peu épaisses et dressées; ses feuilles sont linéaires, étroites et un peu rudes; ses fleurs forment une panicule spiciforme amincie aux deux extrémités

viridis (fig. 40), espèce très bonne, — les

Fig. 40. — Sétaire verte, *Setaria viridis*; espèce nutritive des terrains herbeux et frais. La Sétaire verte très commune dans l'Ouest sous le nom de *Miliasse*, est annuelle et se ressème d'elle-même dans les terrains frais un peu travaillés. C'est une graminée de 5 à 6 décim. de hauteur, à racines fibreuses, à tiges dressées, raides, portant des feuilles pareillement dressées, vertes, acuminées et rudes aux bords : la réunion de ces épillets de fleurs constitue une panicule spiciforme dense et non interrompue, variant du vert au purpurin.

Panis ou Panies, qui ne diffèrent guère botaniquement des Sétaires auxquelles plusieurs auteurs les réunissent, donnent aussi un bon fourrage ; l'un des plus renommés sous ce rapport est, sans contredit, le Panic ou Panis pied-de-coq (fig. 41), dont il existe une variété mutique ; tous

Fig. 41. — Le Panic pied-de-coq, *Panicum crus galli* ; espèce très vigoureuse succulente et précieuse dans les prés arrosés. C'est une robuste graminée annuelle à racines fibreuses, à chaumes de 40 à 60 cent. de haut rameux à la base, très feuillés et un peu comprimés ; à feuilles lancéolées linéaires et faiblement ondulées ; à fleurs disposées en épis oblongs, verdâtres ou violets et formant par leur assemblage une panicule dressée et unilatérale.

les Agrostis et, entre autres, l'A. vulgaire fig. 42.

Fig. 42. — Agrostis vulgaire, *Agrostis vulgaris*: fournit un foin d'une grande finesse et fort recherché du cheval notamment. Sa souche est parfois stolonifère; ses tiges dressées, ascendantes, hautes de 15 a 80 centim. sont souvent radicantes à la base; ses feuilles linéaires, planes et un peu rudes sur les deux faces, ont une ligule courte et tronquée: ses fleurs forment une panicule ovoïde assez gracieuse.

et l'Avoine pubescente fig. 43 , constituent aussi de très bons fourrages.

Fig. 43. — Avoine pubescente, *Avena pubescens*: croît naturellement dans les prairies et les bois peu couverts. Sa souche fibreuse et un peu stolonifère produit des chaumes dressés, de 50 à 70 cent. de hauteur, entourés à la base de feuilles molles, planes, pubescentes ainsi que les gaines et terminés par des fleurs réunies en panicule dressée, un peu inclinée au sommet, de forme oblongue et peu ramifiée.

Il en est de même de l'A. des chiens (fig. 44).
et de l'Avoine des prés (fig. 46).

Fig. 44. — On peut en dire autant de l'Agrostis rougeâtre
(*Agrostis rubra*) que quelques auteurs rattachent à titre de
variété à l'*Agrostis canina* dont il a beaucoup de traits communs de ressemblance et qui ne s'en distingue surtout que
par la teinte rougeâtre de ses panicules oblongues et lâches.

Fig. 45. — Avoine des prés, *Avena pratensis*, est une très
bonne herbe alimentaire bien placée dans les foins des prairies moyennes et arrosées. On la rencontre à l'état spontané
sur les collines boisées et les pelouses un peu sèches. Sa
racine est oblique et fibreuse; ses chaumes, qui dépassent
souvent 70 cent. de hauteur, sont dressés, raides, feuillés à la
base et presque nus au sommet; ses feuilles sont glabres, un
peu rudes aux bords, planes, parfois enroulées et à ligule
lancéolée, glabre; ses fleurs sont réunies en une sorte de panicule dressée presque simple.

Les Arrhénathères ou avoine élevée (fig. 46) et A. bulbeuse (fig. 47), constituent une excellente ressource alimentaire.

Fig. 46. — Arrhénathère élevée, *Arrhenatherum elatius* ; cette graminée est bien connue sous le nom de Fromental et d'avoine élevée ; elle donne un produit fourrageux abondant, précoce, fort recherché, surtout lorsque la fauchaison a été pratiquée à point. Sa racine est rampante et fibreuse ; ses tiges, qui dépassent 1 mètre de hauteur, sont élancées, glabres et portent des feuilles planes, linéaires aiguës. La réunion de ses fleurs constitue une panicule dressée, étalée puis contractée.

Fig. 47. — Avoine noueuse, *Arrhenatherum bulbosum* ; très connue aussi sous le nom d'avoine à chapelet ou chiendent à chapelet (*Avena precatoria*), est non moins répandue que la précédente dont elle a le port et le faciès ; ses qualités alimentaires ne sont pas moins estimées. Cette graminée se distingue surtout du Fromental ordinaire par le collet de sa racine qui présente une série de tubercules (environ 2-4) arrondis et superposés.

La Houlque molle (fig. 48), est une très bonne graminée fourragère.

Le Trisète ou avoine jaunâtre (fig. 49) donne un foin de bonne qualité.

Fig. 48. — Houlque molle, *Holcus mollis*: souche longuement rampante émettant des tiges dressées pouvant atteindre de 50 à 80 cent. de hauteur; ses feuilles sont, comme dans le précédent, linéaires aiguës, planes, à gaine presque glabre et à ligule oblongue; ses fleurs sont disposées en panicule dressée, peu étalée, surtout après l'anthèse.

Fig. 49. — Trisète jaunâtre ou encore avoine jaunâtre (*Trisetum flavescens*) procure un fourrage fin, délicat et nutritif dans les mêmes stations. Les tiges de cette graminée cespiteuse ou très peu traçante atteignent jusqu'à 50 cent. de hauteur; elles sont grêles, redressées; ses feuilles molles, linéaires, pubescentes, à ligule courte et tronquée; la réunion de ses fleurs porte une panicule droite, diffuse, à ramifications étalées puis contractées.

La Houlque laineuse (fig. 50) a les mêmes qualités que les précédentes.

Fig. 50. — Houlque laineuse, *Holcus lanatus;* entre avantageusement, comme la suivante, dans la composition des meilleurs foins. Sa racine est fibreuse et ses tiges dressées, cespiteuses atteignent selon la nature du sol, de 50 à 70 cent. de hauteur; elles portent des feuilles linéaires aiguës, pubescentes, à gaine laineuse et à ligule courte et tronquée. Ses nombreuses petites fleurs sont réunies en panicule dressée, à ramifications étalées pendant l'anthèse, puis contractées.

Citons encore la Kœlérie cristée ou *Kœleria cristata* (fig. 51), bonne ; tous les Paturins, no-

Fig. 51. — Kœlérie à crêtes, *Kœleria cristata :* habite les pelouses sèches, calcaires ou sablonneuses. Plante gazonnante à tige de 20 à 50 cent. de hauteur, dressée, plus ou moins glabre ou pubescente ; a feuilles planes, étroites : les inférieures poilues ciliées : à fleurs nombreuses groupées en panicule oblongue, étroite.

tamment le Paturin des prés, *Poa pratensis* (fig. 52),

Fig. 52. — Paturin des prés. *Poa pratensis* : est une espèce abondante, succulente, qui procure un aliment fort nutritif. Ce paturin est certainement une des meilleures graminées fourragères ; on le trouve à l'état sauvage dans les prairies, aux bords des routes et en général dans tous les lieux herbeux. Sa souche est longuement rampante et émet des stolons munis d'écailles ; ses chaumes dressés, arrondis le plus souvent unis à leur partie supérieure, dépassent parfois 50 cent. de hauteur ; ses feuilles sont linéaires aiguës, glabres un peu rudes aux bords de leur ligule courte, tronquée ; ses fleurs sont disposées en panicule oblongue, dressée étalée, même après la floraison.

et le Paturin bulbeux. *Poa bulbosa* (fig. 53), très

Fig. 53. — Paturin bulbeux, *Poa bulbosa*; est moins productif que celui des prés, mais il n'en constitue pas moins une bonne herbe alimentaire. Il est commun dans les lieux incultes. C'est une herbe gazonnante à racine fibreuse et à tiges dressées d'environ 30 cent. : leur hauteur peut même atteindre, dans les bons sols, jusqu'à 40 cent. La base de ces tiges est épaissie en bulbe ; ses feuilles linéaires, étroites, sont munies d'une ligule oblongue, aiguë : ses panicules de fleurs sont courtes, presque ovales, dressées et compactes. Sa variété prolifère ou vivipare dont les fleurs sont remplacées par des sortes de bulbilles foliacées verdâtres, produit aussi un bon fourrage.

bons; le Dactyle pelotonné (fig. 54). bon, mais

Fig. 54. — Dactyle pelotonné. *Dactylis glomerata* ; se rencontre dans toutes les stations prairiales, mais il est d'autant moins dur qu'il habite les sols frais ou arrosés. C'est une de nos plus robustes graminées. Sa souche est fibreuse et gazonnante, ses chaumes dressés et raides atteignent parfois 1 mètre de hauteur, ses feuilles linéaires, planes, parfois carénées et d'un vert intense sont scabres et leur ligule aiguë et déchirée ; ses fleurs sont groupées en panicule dressée, unilatérale et très rameuse.

dur : la Fétuque ovine (fig. 55) et la Fétuque des

Fig. 55. — Fétuque ovine, *Festuca ovina* : elle produit un foin
délicat et très nutritif, du goût de tous les herbivores. Les
souches de la Fétuque ovine sont fibreuses, très denses et
forment des gazons serrés ; ses tiges nombreuses et délicates,
qui s'élèvent jusqu'à 40 c. de hauteur, sont grêles, dressées,
un peu anguleuses et munies à la base de nombreuses feuilles
filiformes à ligule courte et tronquée. Ses fleurs constituent
une panicule droite, serrée et presque unilatérale.

près. *Festuca pratensis* (fig. 56),
sont de très bonnes fourragères.
Il en est de même de la Fétuque élevée ou Fétuque roseau. *Festuca arundinacea* et
qui a pour synonyme le nom
de Festuca elatior. C'est, ainsi
que nous l'avons dit page 38
(fig. 16), une excellente espèce
qu'on ne saurait trop répandre
dans les prairies en terre un peu
fraîche ; elle est très productive,
et bien que son foin soit un peu

Fig. 56. — Fétuque des prés, *Festuca pratensis*; produit un fourrage non moins recherché que le précédent. Elle croît dans les lieux frais; c'est aussi une plante gazonnante dont les tiges dépassent parfois 80 c. de hauteur; ses feuilles planes, linéaires, longuement aiguës et un peu rudes s'élargissent à la base en forme d'oreillettes; leur ligule est très courte; ses fleurs sont groupées en panicule dressée étroite, lâche et rameuse.

gros il n'en est pas moins fort appété par les her-

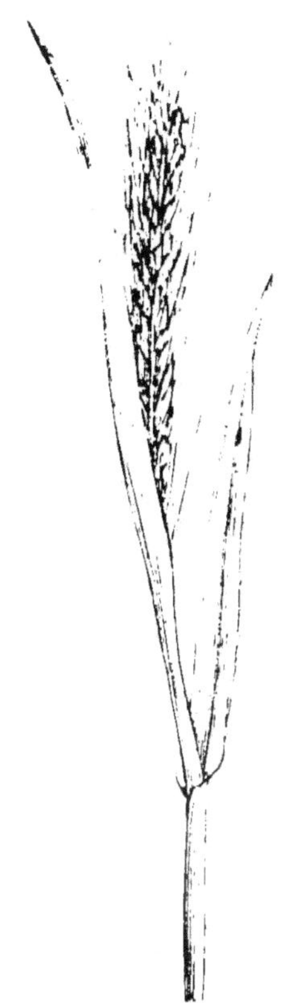

Fig. 57. — Orge des murs ou Orge queue-de-rat, *Ordeum
murinum*; n'est mangeable qu'en vert, dans les foins ses
longues arêtes blessent les gencives et s'introduisent entre
les dents. On la trouve communément dans les lieux incultes,
aux bords des chemins et des murs. C'est une plante annuelle
à racines fibreuses, à chaumes étalés ou genouillés à la base,
puis dressés, hauts de 30 à 40 c. et feuillés dans toute leur
hauteur; à feuilles linéaires, aiguës, molles et un peu poilues;
à fleurs très longuement aristées et réunies en épi oblong
d'abord, dressé puis penché.

bivores. L'Orge des murs ou queue-de-rat, *Hordeum murinum* (fig. 57), l'Orge seigle ou séglin, *Hordeum secalinum* (fig. 58), sont dures.

L'Ivraie vivace, *Lolium perenne* (fig. 59 et

Fig. 58. — Orge séglin ou Orge seigle, *Hordeum secalinum*, est une fine herbe qui ne manque pas de propriétés alimentaires. Cette espèce, qu'on rencontre fréquemment dans les prairies, est vivace et cespiteuse ; ses tiges qui dépassent 70 c. de hauteur sont dressées et souvent bulbeuses à la base ; ses feuilles sont linéaires, étroites et les inférieures plus ou moins velues ; la réunion de ses fleurs constitue un épi grêle et comprimé.

Fig. 59. — Ivraie vivace, *Lolium perenne*. — Ray-grass des Anglais — c'est une herbe vigoureuse, abondante et fort alimentaire ; elle fournit des produits de première qualité sur les sols frais et arrosés. Le Ray-grass vivace est gazonnant et de sa souche fibreuse partent de nombreux faisceaux de feuilles linéaires, aiguës, planes, à la ligule courte et obtuse ; ses chaumes, qui peuvent atteindre 50 c. de hauteur, sont terminés par un épi dressé formé d'épillets lancéolés et comprimés.

l'Ivraie gros. multiflore (fig. 60), produisent un très bon fourrage.

Dans les prairies de cette nature, il y a beaucoup moins de Cypéracées et de Joncées que dans les précédentes; et lorsqu'elles existent en compagnie d'une foule d'autres plantes appartenant à des familles assez nombreuses, par exemple de Prêle et surtout de l'espèce vulgaire *Equisetum*

Fig. 60. — Ivraie multiflore d'Italie. *Lolium italicum*; cette graminée plutôt annuelle que bisannuelle est bien connue sous le nom de *Ray-grass d'Italie*. Elle croît à l'état spontané dans les champs et autres lieux cultivés. Ses racines sont fibreuses; ses tiges ascendantes ou dressées arrivent parfois à 1 m. de hauteur; les feuilles de la base des chaumes sont enroulées; celles du sommet, linéaires, acuminées, planes, un peu rudes et munies, à la base, d'oreillettes jaunâtres. Les fleurs sont réunies en épillets sessiles, ovales, aigus et constituent un épi dressé et très allongé.

arvense (fig. 61), de diverses Renoncules et entre autres de la Renoncule rampante *Ranunculus repens*, d'Ombellifères, notamment de l'Œnanthe Boucage (fig. 95), de quelques Berles et d'*Helosciadium*, elles déprécient les fourrages.

Légumineuses

Toutes les légumineuses ou Papilionacées qui peuplent ces prairies sont d'excellente qualité sous tous les rapports. Les plus intéressantes au point de vue qui nous occupe sont : les différents

Fig. 61. — Prêle des champs, *Equisetum arvense* : est, comme ses congénères marécageuses, une très mauvaise herbe. Elle est bien connue des agriculteurs qui lui donnent selon la localité, les noms de *queue-de-rat* ou de *queue-de-cheval* ; — c'est une plante très vivace, à racines longuement nues, colorées, traçantes et émettant des tiges de deux sortes : les fertiles plus précoces, dressées, simples de 15 à 20 c. de hauteur et terminées par un épi obtus, un peu lâche, cylindro-conique portant les organes de fructification ; les stériles plus tardives, grêles vertes, dressées ou inclinées, rameuses au sommet et dépassant parfois 50 c. de hauteur

Trèfles et notamment le Trèfle rampant (fig. 62); ce

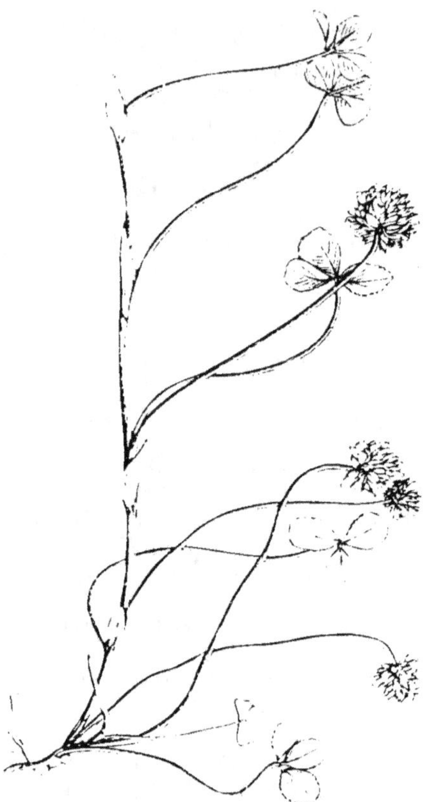

Fig. 62. — Trèfle rampant, *Trifolium repens*. Ce trèfle, si connu sous le nom vulgaire de Triolet et qui abonde dans les prairies, atteint de 12 à 25 c. de hauteur. Il est vivace et de sa souche gazonnante partent des tiges herbacées, étalées, radicantes, strictes et rameuses à la base; ses feuilles sont formées de 3 folioles obovales, arrondies, denticulées et accompagnées de stipules engaînantes et mucronées; ses fleurs blanches sont disposées en capitules arrondis au sommet de pédoncules atteignant ou dépassant à peine la hauteur des feuilles.

la Luzerne cultivée, *Medicago sativa* fig. 63 :

Fig. 63. — Luzerne cultivée. *Medicago sativa*. De sa souche ligneuse, ramifiée et profondément enterrée, la luzerne émet des tiges de 50 à 60 c. de hauteur, dressées, très rameuses, glabres ou un peu pubescentes et anguleuses; ses feuilles sont composées de folioles elliptiques ou obovales, oblongues, dentées au sommet, et accompagnées de stipules lancéolées-aiguës. Ses fleurs nombreuses, violettes ou bleuâtres et parfois mélangées de jaune, sont réunies en grappe oblongue et serrée au sommet de pédoncules axillaires; ses fruits ou gousses sont contournés en spirale à deux ou trois cercles, glabres ou faiblement pubescents.

le Sainfoin (fig. 64)
dont il existe une
race très productive
et qui est connue

Fig. 64. — Sainfoin
commun ou Esparcette,
Onobrychis sativa. Sa
souche est rameuse et
donne naissance à des
tiges simples, grêles,
nombreuses, sillonnées et
de 3 à 6 décim. de hau-
teur. Ces tiges portent
des feuilles composées-
imparipennées à 6-12
paires de folioles ovales,
obovées ou oblongues,
apiculées, tantôt glabres,
tantôt pubescentes sur la
face inférieure ; à l'aisselle de ses feuilles, qui
sont munies d'une stipule
bifide, naissent, surtout
à la partie supérieure des
tiges, des pédoncules que
termine une grappe
oblongue et serrée de
fleurs rose purpurin strié
plus foncé. A ces fleurs
succède une gousse com-
primée, pubescente, den-
telée ou aiguillonnée.

sous le nom de Sain-
foin à deux coupes ;
divers Lotiers ; plu-
sieurs sortes de
Vesces, notamment
la Vesce cultivée
(fig. 65) et ses va-
riétés, principale-
ment celle à gros
fruits, *Vicia sativa*

Fig. 65. — Vesce cul-
tivée, *Vicia sativa*.
Plante annuelle, glabre
ou un peu pubescente, à
tiges dressées, anguleu-
ses, un peu rameuses à la
base et hautes de 40 à
50 c. ; à feuilles compo-
sées de 5 à 7 paires de
folioles obovales ou li-
néaires oblongues, échan-
crées et mucronées ; la
terminale transformée en
vrille rameuse ; à sti-
pules semi-sagittées, dentées et munies en des-
sous d'une macule pur-
purine. Les fleurs, réunies
au nombre de 2, rare-
ment davantage, sont axillaires, assez grandes,
purpurines, violettes ou
bleuâtres, et les fruits
qui leur succèdent dres-
sés ou étalés, oblongs,
poilus et comprimés.

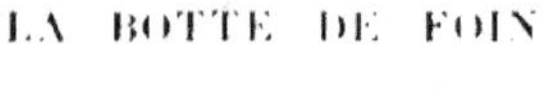

var. *macrocarpa*, dont les qualités alimentaires ne le cèdent
pas à celles du type : les Ges-
ses *Lathyrus*, surtout les espèces *Aphaca* (fig. 66), *sylvestris*
et *pratensis* (fig. 67), etc. Tel est
à peu près le bilan des sortes
de bonnes Légumineuses qu'on
rencontre le plus habituelle-

Fig. 66. — Gesse sans feuille, *Lathyrus Aphaca*. Cette Gesse, qui est connue dans quelques localités sous le
nom de Pois de serpent, est annuelle ;
ses tiges tantôt couchées, tantôt grimpantes à l'aide de pétioles aphylles, filiformes et terminés en vrilles simples ou
rameuses, ne sont que rarement ramifiées et peuvent s'élever jusqu'à 50 c.
C'est à l'aisselle de deux larges stipules
foliacées, glauques, ovales-sagittées à la
base et simulant des feuilles, que naît
un pédoncule plus long que les stipules
et portant une fleur petite, jaune,
striée de purpurin sur l'étendard ou
division supérieure de la fleur ; à celle-
ci succède une gousse glabre et glauque, comprimée, falciforme.

ment dans les stations prairiales qui nous occupent.

Fig. 67. — Gesse des prés. *Lathyrus pratensis*. Cette espèce qui habite de préférence les prés et les bois, est vivace par sa souche grêle et rampante d'où partent des tiges rameuses, anguleuses, étalées puis dressées et pouvant s'élever à environ 90 c.; ces tiges sont accompagnées de feuilles formées d'une seule paire de folioles lancéolées aiguës et dont le support commun (pétiole) est terminé par une vrille rameuse; deux grandes stipules en forme de flèche les accompagnent. Aux fleurs jaunes striées de violet sur l'étendard et qui sont portées par un pédoncule dépassant les feuilles succèdent des gousses comprimées et oblongues.

Synanthérées

Les Synanthérées, à part les Carduacées auxquelles appartiennent les chardons, les cirses, etc., fournissent plusieurs espèces assez recherchées, telles sont les : Centaurées jacée (fig. 68).

Fig. 68. — Centaurée Jacée, *Centaurea Jacea*. La Jacée, qui porte aussi, comme les Centaurées noirâtre et amère dont les qualités nutritives sont a peu près identiques, les noms vulgaires de *Tête d'Alouette* et de *Maillons*, est très commune dans les prairies. Elle est vivace; ses tiges dressées, un peu anguleuses par la décurrence des feuilles, sont fermes, rameuses au sommet et dépassent souvent 80 c. de hauteur. Les feuilles radicales sont pétiolées, entières ou sinuées dentées : les caulinaires supérieures sessiles, oblongues-lancéolées, rarement entières, le plus souvent munies de dents saillantes. Ses fleurs sont purpurines et réunies en capillaires solitaires, terminaux, à involucre entouré d'écailles scarieuses, entières ou lacérées.

et noirâtre (fig. 69) ; plusieurs Laitrons: le Sal-

Fig. 69. — Centaurée noirâtre, *Centaurea nigrescens*. Cette plante ressemble beaucoup à la précédente dont elle a la taille, le port et le mode de végétation. Elle en diffère surtout par ses fleurs (capitules) plus petites, par ses feuilles caulinaires supérieures moins dentées et enfin par les écailles de l'involucre qui sont pectinées et noirâtres.

sifis des prés, des Epervières, la Laitue vivace,

Fig. 70. — Laitue vivace *Lactuca perennis*. La Laitue vivace,
qui croît à l'état sauvage sur les coteaux et les collines secs et
calcaires, entre avec avantage dans les récoltes fourragères.
Elle présente une souche épaisse d'où s'élèvent plusieurs tiges
dressées, glaucescentes ainsi que les feuilles, rameuses au
sommet et atteignant, dans les sols cultivés, jusqu'à 70 c. de
hauteur; ses feuilles sont pennatifides à divisions linéaires-
lancéolées, entières ou dentées : les supérieures embrassantes,
ses grandes fleurs bleues ou lilas sont disposées en corymbe
lâche.

(fig. 70), diverses Crépides, notamment le *Crepis virens* (fig. 71) qui porte aussi les noms de *C. polymorpha* et *C. diffusa*, etc.

Fig. 71. — Crépide verdâtre, *Crepis virens*, *C. polymorpha*, *C. diffusa*. Cette Chicoracée possède les mêmes qualités alimentaires que la précédente; elle est peu vivace mais se ressème avec facilité. Du collet de sa racine pivotante naissent des feuilles entières, dentées ou pennatifides, roncinées et des tiges dressées, rameuses, parfois diffuses, de 20 à 30 c. de hauteur; ses fleurs (capitules) jaunes sont disposées en corymbe dressé un peu étalé.

Labiées

Si les plantes de cette famille sont en petites quantités, elles peuvent aromatiser les herbes fourragères; mais si elles sont abondantes, elles donnent au foin une odeur qui dégoûte les herbivores.

Les autres familles de plantes indigènes ou cultivées renferment peu de plantes de bonne qualité : elles sont, en général, dures, inertes ou fort peu alimentaires ; quelques-unes cependant sont considérées comme assaisonnantes.

§ III. — Prairies élevées ou situées à mi-coteau

Graminées

Il faut citer la Phléole de Bœhmer fig. 72 parmi les meilleures Graminées de ces prairies, les espèces qui suivent, à l'exception des Bromes, fournissent un foin

Fig. 72. — Phléole de Bœhmer, *Phleum Bœhmeri*, donne, de même que la Seslérie bleuâtre, un foin délicat, fin et nutritif. Cette plante a beaucoup de traits communs de ressemblance avec la Phléole des prés, *Phleum pratense* fig. 36, mais on ne la rencontre que rarement dans les prairies ; ses stations naturelles sont surtout les coteaux calcaires. De sa souche courte et fibreuse naissent des tiges raides, dressées, d'environ 30 c. de hauteur, munies de feuilles linéaires aiguës, planes, un peu rudes sur les bords et terminées par des fleurs nombreuses dont la réunion forme une panicule spiciforme amincie aux deux extrémités.

odorant et fort nutritif: la Seslérie bleuâtre fig. 73 .

Fig. 73. — Seslérie bleuâtre. *Sesleria cærulea*, est une plante gazonnante, à souche fibreuse, à chaumes dressés, nombreux et atteignant jusqu'à 40 c. de hauteur; à feuilles radicales très longues, les caulinaires rares : toutes linéaires, obtuses, planes ; à fleurs réunies en grappe presque simple, spiciforme, ovale ou oblongue.

la Sétaire glauque (figure 74); la Canche

Fig. 74. — Sétaire glauque, *Setaria glauca*. La racine de
cette Sétaire annuelle, qu'on trouve principalement à l'état
spontané dans les terres cultivées, est fibreuse; ses tiges étalées ou dressées dépassent souvent 40 c. de hauteur, et sont
munies de feuilles vertes, molles, dressées et longuement
acuminées. Les nombreuses fleurs qui les terminent sont
groupées en panicule spiciforme.

flexueuse fig. 75 , et, d'autre part, la Flouve
odorante, les Agrostides vulgaire et rougeâtre.

Fig. 75. — Canche flexueuse, *Aira flexuosa*; c'est l'une de
nos plus élégantes graminées cespiteuses. Ses chaumes grêles,
dressés et fasciculés, atteignent parfois jusqu'à 50 c. de hauteur; ses feuilles radicales sont très étroites et réunies en
faisceaux; les caulinaires plus larges et à ligule obtuse, bifide;
ses fleurs, qui sont situées à l'extrémité des rameaux capillaires et flexueux, forment une panicule gracieusement étalée.

Les Avoines des montagnes (fig. 76). A. élevée. A. noueuse, A. fragile. A. pubescente, etc.

Fig. 76. — Avoine des montagnes, *Avena montana*; cette avoine que la figure ci-contre ne représente qu'imparfaitement est indigène en Europe; on la trouve dans les régions inférieures des Alpes, du Dauphiné et de la Provence: elle est également répandue dans les Pyrénées où elle croît jusqu'à environ 1.200 mètres d'altitude. Elle est vivace, sa souche fibreuse et ses chaumes, réunis en faisceaux, sont dressés ou ascendants, ils peuvent atteindre de 50 à 60 c.; ses feuilles sont planes, linéaires, un peu rudes en dessus et sur les bords: leur ligule est tantôt glabre, tantôt velue. L'ensemble de ses fleurs forme une panicule rameuse et dressée.

Les Keuléries à crêtes et Keulérie velue (fig. 77) :

Fig. 77. — Keulérie velue (*Kœleria villosa*). — Très commune dans la région méditerranéenne. Elle est annuelle ; sa racine est fibreuse, ses chaumes ascendants pouvant dans les sols cultivés dépasser 30 c. de hauteur sont accompagnés de feuilles linéaires, aiguës, planes, et un peu velues ; leur ligule est tronquée, courte et ciliée ; les fleurs sont groupées en panicule spiciforme dense, oblongue ou cylindrique.

le Pâturin bulbeux, les Brizes ou Amourettes à

Fig. 78. — Brize élevée ou à grandes fleurs *Briza maxima*;
a le midi de l'Europe pour patrie. Cette plante est annuelle et
ses racines fibreuses; ses tiges ascendantes ou dressées, hautes
de plus de 40 c., sont munies de feuilles linéaires, acuminées à
ligule lancéolée; ses fleurs forment des épillets ovales inclinés
qui constituent une panicule presque simple, gracieusement
penchée et unilatérale.

grandes fleurs (fig. 78), et Brize moyenne (fig. 79).

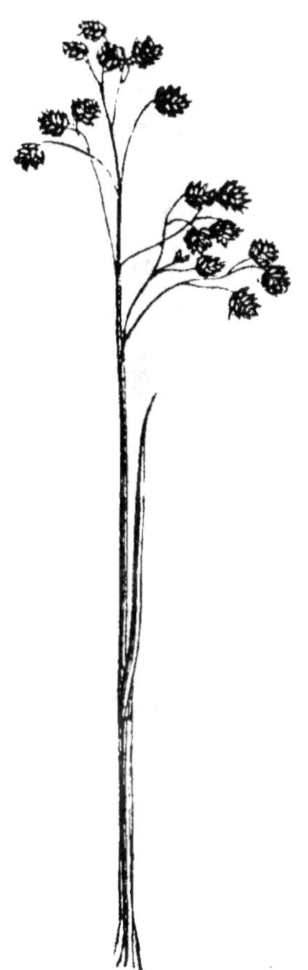

Fig. 79. — Brize moyenne, *Briza media*; cette Graminée
occupe, ainsi que la suivante, une bonne place parmi les
meilleures herbes alimentaires des prairies élevées. C'est une
plante gazonnante, à racines fibreuses, à tiges dressées, dépassant 40 c. de hauteur; à feuilles linéaires aiguës, un peu
rudes, et à ligule courte et tronquée. La réunion de ses épillets inclinés et très mobiles forme une panicule rameuse.

le Dactyle pelotonné ou aggloméré; la Crételle

Fig. 80. — Crételle vivace, *Cynosorus cristatus*; c'est une petite espèce de bonne qualité mais peu productive; néanmoins elle n'est pas à dédaigner. Elle est gazonnante et peut vivre plusieurs années; ses tiges grêles et dressées arrivent à dépasser 50 c. de hauteur; ses feuilles sont linéaires, étroites, glabres, et ses fleurs groupées en petits épillets distiques, pectinés, dont la réunion constitue une panicule spiciforme et unilatérale.

vivace (fig. 80), la Fétuque ou Vulpie fausse

Fig. 81. — Fétuque ou Vulpie fausse queue-de-rat, *Vulpia pseudomyuros*, petite graminée peu fourrageuse ; elle croit principalement sur les terrains arides et jaunit de bonne heure. Plante annuelle à racines fibreuses, à chaumes grêles, fasciculés, dressés, hauts de 20 à 40 c., à feuilles étroites, longuement engainantes, à ligule tronquée et ciliée ; ses fleurs forment une panicule allongée, presque unilatérale et un peu penchée au sommet.

queue-de-rat (fig. 81), le Brachypode ou Froment

Fig. 82. — Brachypode penné, *Brachypodium pinnatum*; on le rencontre surtout dans les lieux incultes et pierreux et ne constitue pas un bon fourrage. Quoi qu'il en soit, de ses souches très longuement rampantes naissent des tiges fasciculées, dressées, strictes, d'environ 50 c. de hauteur; l'agglomération de ses épillets forme une panicule spiciforme, allongée.

penné (fig. 82), l'Ivraie tenue. *Lolium tenue* (fig. 83).

Fig. 83. — Ivraie tenue, *Lolium tenue*; fournit une herbe fine et délicate, mais peu abondante. Cette graminée ne diffère guère botaniquement du Ray-grass ordinaire que par des dimensions plus réduites. La réunion de ses petits épillets constitue un épi grêle.

et l'Ivraie multiflore, *Lolium multiflorum*, la Gaudinie ou Avoine fragile (fig. 84).

Fig. 84. — Avoine ou Gaudinie fragile, *Gaudinia fragilis*;
plante annuelle, cespiteuse, à tiges fasciculées, grêles et
pouvant atteindre plus de 40 c. de hauteur. Ses feuilles
sont linéaires, planes, un peu velues et leur ligule courte et
tronquée. Ses fleurs sont réunies en épi dressé, simple et très
fragile.

Le Brome rougeâtre. *Bromus rubens* (fig. 85),

Fig. 85. — Brome rougeâtre, *Bromus rubens* : croît dans les lieux incultes de la France méridionale. Il est annuel, sa racine fibreuse et ses chaumes dressés, pubescents, s'élèvent à environ 30 c , ses feuilles linéaires, planes, ont une ligule assez grande et lacérée ; ses fleurs sont réunies en panicule compacte, simple ou peu rameuse. Tous les Bromes sont durs après la fauchaison et conviennent peu comme fourrage sec. C'est en vert seulement que ces herbes peuvent être utilisées.

le Brome stérile. *Bromus sterilis* (fig. 86), et le

Fig. 86. — Brome stérile. *Bromus sterilis* ; il est annuel; ses chaumes ascendants et lisses atteignent jusqu'à 60 c. de hauteur; ses feuilles sont linéaires, allongées et pointues. Ses fleurs constituent une panicule très lâche et penchée.

Brome droit. *Bromus erectus* (fig. 87), bons en
vert, sont durs et piquants dans le foin.

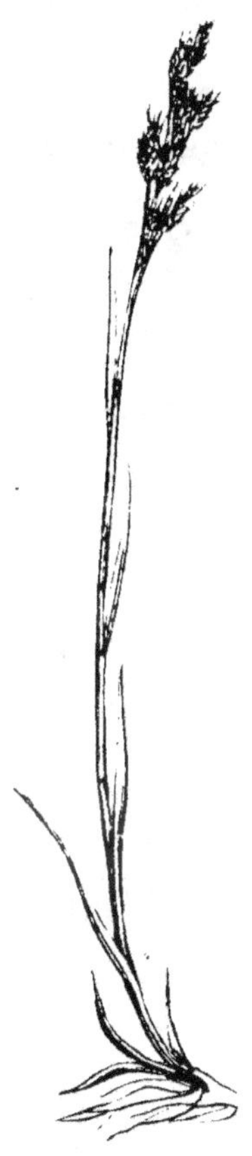

Fig. 87. — Brome dressé; *Bromus erectus*; c'est une herbe
gazonnante à chaumes dressés, grêles, dépassant parfois 80 c.
de hauteur; à feuilles radicales et caulinaires inférieures très
étroites, les supérieures plus larges; à fleurs constituant par
leur réunion une panicule oblongue et rameuse.

Cypéracées

Les Cypéracées et Joncées sont rares dans les prairies élevées, cependant on y trouve quelques Luzules, entre autres la L. printanière (fig. 88) et quelques Laiches ou *Carex*.

Fig. 88. — Luzule poilue ou du printemps, *Luzula vernalis, L. pilosa;* plante indifférente et peu alibile appartenant aux Joncées. Sa souche est cespiteuse, et ses tiges grêles, dressées, atteignent environ 30 c. de hauteur; ses feuilles radicales sont nombreuses, linéaires-lancéolées, aiguës et poilues sur les bords; les caulinaires plus étroites; ses fleurs sont disposées en panicule terminale très lâche.

Légumineuses

Les légumineuses, toutes bonnes fourragères,
sont : le Trèfle incarnat (fig. 89) et le trèfle de

Fig. 89. — Trèfle incarnat, *Trifolium incarnatum*, est généralement connu sous le nom de *Farouche*. Il est annuel, sa
racine pivotante et sa tige dressée, simple ou peu rameuse
atteint environ 50 c. : ses feuilles, pubescentes comme la tige
et munies de larges stipules veinées, sont composées de folioles
obovales et denticulées ; ses fleurs d'un rouge foncé, sont groupées en épi oblong, cylindrique.

Molinier qui n'en est sans doute qu'une variété à
fleurs pâles ou jaunâtres ; puis le Trèfle à feuilles
étroites ou Trèfle des champs (fig. 90), la Luzerne
cultivée, la Minette ou Lupuline (*Medicago Lupu-*

Fig 90. — Trèfle des champs, *Trifolium arvense*; représente
une bonne fourragère des prairies élevées. Il est annuel et
connu sous le nom de *Pied-de-lièvre*; sa racine est pivotante et
ses tiges dressées, rameuses, d'environ 30 c., sont, ainsi que
le feuilles, pubescentes, blanchâtres ; ses feuilles à folioles
étroitement linéaires sont accompagnées de stipules ovales-
aiguës et subulées ; ses fleurs petites, d'abord blanches puis
rosées sont réunies en capitules solitaires, d'abord ovoïdes puis
cylindriques.

lina, le Lotier velu, le Mélilot commun fig. 91 , auquel s'associe parfois le Mélilot blanc *Melilotus Alba* , la Coronille bigarrée si remarquable par l'élégance de ses fleurs panachées de blanc de lilas, l'Ornithope pied-

Fig. 91. — Mélilot commun . *Melilotus officinalis* ; c'est une plante vigoureuse, à racine longue, et épaisse; a tige robuste, dressée, très rameuse, un peu ligneuse et atteignant plus d'un mètre de hauteur; à feuilles formées de 3 folioles obovales ou oblongues, denticulées et accompagnées de stipules subulées; à fleurs nombreuses, petites, jaunes et disposées en grappes dressées, spiciformes; à fruits petits, ovoïdes, rugueux.

d'oiseau (fig. 92), ainsi que le sainfoin, etc.

Fig. 92. — Ornithope pied-d'oiseau, *Ornithopus perpusillus*, excellente Légumineuse des prés élevés et un peu sablonneux ; elle est annuelle et ses tiges grêles, étalées puis dressées hautes de 20 à 30 c., portent des feuilles velues, composées-imparipennées, à folioles inférieures pétiolées, les suivantes sessiles et, sur des pédoncules filiformes un peu plus longs que les feuilles, un petit nombre de fleurs blanchâtre strié de rouge sur le pétale supérieur ou étendard ; à ses fleurs succèdent des gousses arquées, linéaires, articulées et terminées en pointe aiguë.

Labiées

Les Labiées sont représentées surtout par l'Origan vulgaire (fig. 93), le Calament officinal

Fig. 93. — Origan vulgaire, *Origanum vulgare*; se retrouve çà et là, dans des prairies hautes et arides; doit être plutôt considéré comme une espèce aromatique et non comme alimentaire. De sa souche oblique partent de nombreux jets stériles ascendants; ses tiges fertiles, mollement pubescentes, sont dressées et dépassent souvent 50 c. de hauteur; elles sont munies de feuilles opposées, ovales-lancéolées, un peu velues en dessous et se terminent par un grand nombre de petites fleurs purpurines disposées en épis ovoïdes dont la réunion forme une panicule étroite et trichotome.

(fig. 94), la Sauge des prés, quelques Menthes,

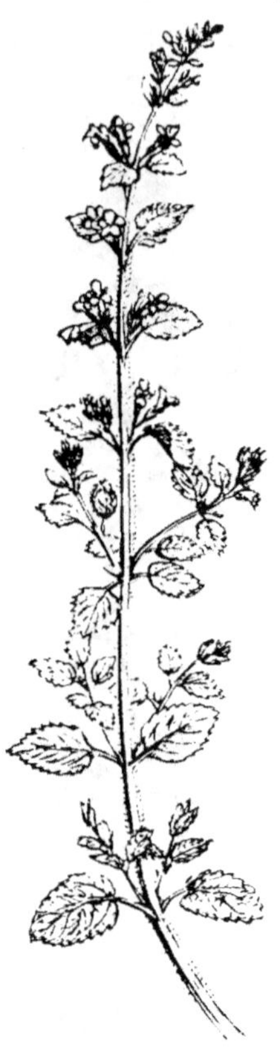

Fig. 94. — Le Calament officinal, *Calamintha officinalis*; possède à peu près les mêmes propriétés que l'Origan. C'est une plante un peu velue, exhalant une odeur assez agréable, à souche produisant de nombreux stolons radicants, à tiges dressées, un peu rameuses et excédant 50 c. de hauteur; ses feuilles inférieures sont ovales-arrondies, les supérieures plus étroites, toutes pétiolées et dentées en scie, ses fleurs assez grandes et d'un rouge purpurin sont disposées en glomérules avillaires.

notamment les Menthes à feuilles rondes. *Mentha rotundifolia* fig. 2. Menthe sauvage et, plus rarement la Menthe Pouliot (fig. 3, etc.

Quelques autres familles fournissent encore un petit nombre d'espèces. Telles sont, dans les Ombellifères : l'Œnanthe boucage (fig. 95); dans les Synanthérées : le

Fig. 95. — Œnanthe boucage, *Œnanthe pimpenelloides*; n'est que peu du goût des herbivores. Sa racine fasciculée est formée de fibres allongées, filiformes et renflées à leur extrémité; sa tige dressée, fistuleuse, pouvant dépasser 60 c., porte des feuilles de deux formes : les radicales deux fois pennées à segments linéaires; ses fleurs sont d'un blanc jaunâtre et disposées en ombellules.

Millefeuille (fig. 96) : dans les Renonculacées :

Fig. 96. — Millefeuille commune, *Achillea Millefolium :* c'est une Synanthérée peu recherchée et peu nutritive, malgré l'analyse. Sa souche rampante émet des rejets souterrains blancs ou colorés ; sa tige dressée est raide, simple ou un peu rameuse à sa partie supérieure et peut dépasser 50 c. de hauteur ; ses feuilles sont deux fois pennées, à segments linéaires, mucronés ; ses nombreuses fleurs (capitules) sont blanches et forment par leur réunion un corymbe dense.

plusieurs Renoncules; dans les Borriganées : la
Buglosse d'Italie fig. 97 ; enfin dans les Scro-

Fig. 97. — Buglosse d'Italie, *Anchusa Italica;* constitue un
mauvais aliment dont les bestiaux s'éloignent. C'est une plante
bisannuelle couverte de poils hérissés, tuberculeux; sa racine
est pivotante et ses robustes tiges dressées, rameuses et à ramifications pyramidales, excèdent 1 mètre de hauteur: ses
feuilles sont ovales-lancéolées : les radicales et caulinaires inférieures atténuées en pétiole, les suivantes sessiles; ses fleurs
monopétales régulières et d'un beau bleu d'azur sont disposées
en grappes nombreuses dont la réunion forme une immense
panicule.

phulariés fig. 98 qui ne donnent que de mauvaises ou de médiocres herbes alimentaires. On peut citer, après les Scrophulaires noueuse et aquatique, les Rhinanthes, plantes parasites au même degré que les Euphraises et dont il existe deux formes : l'une glabre *Rhinantus glaber*,

Fig. 98. — La Scrophulaire noueuse, *Scrophularia nodosa*, est une mauvaise plante des endroits humides et marécageux. Ses racines obliques sont munies de renflements tuberculeux ; sa tige droite, rameuse et quadrangulaire dépasse souvent 1 mètre de hauteur ; ses feuilles opposées, ovales-lancéolées sont doublement dentées ; ses nombreuses fleurs irrégulières, verdâtres et purpurines, sont groupées en panicule.

l'autre velue (*Rhinanthus hirsutus*   fig. 99).

Fig. 99. — Rhinanthe crête-de-coq, *Rhinanthus major*; appartient aux prairies humides et marécageuses et constitue une herbe de mauvaise qualité. Cette plante dont le parasitisme n'est pas douteux présente des tiges simples, un peu rameuses, dressées, quadrangulaires et de 30 à 40 c. de hauteur : ses feuilles opposées, oblongues-lancéolées sont dentées en scie et un peu roulées aux bords : ses fleurs irrégulières et jaunes naissent à l'aisselle de bractées blanc jaunâtre, ovales, dentées.

Après cette analyse botanique et agricole, il est facile de comprendre les différences qui existent entre les foins des différents centres de la France. Dans le Midi, le foin est plus fin, plus délié, plus tonique et à la fois plus aromatique; dans le Centre, il est abondant, nutritif, et d'une odeur moins pénétrante que dans les régions méridionales. Dans le Nord, il est plus gros, plus aqueux, moins coloré, moins nutritif et fort peu parfumé.

Dans le Midi, il existe un grand nombre de prairies élevées ou situées à mi-coteau; dans le Centre, les prés moyens abondent; dans le Nord, ce sont surtout les prairies basses, humides et marécageuses qui dominent.

Dans les prairies basses on constate, qu'à part les Graminées, les Légumineuses, quelques Synanthérées et Labiées, presque toutes les autres plantes ont une médiocre valeur fourragère; plusieurs sont même inertes et vénéneuses; aussi, sur 153 espèces environ qu'on retrouve dans ces situations prairiales, il en existe à peine

27 bonnes, c'est-à-dire une bonne sur cinq mauvaises. Il est vrai de dire que les espèces utiles dans les prés, en général, sont plus abondantes en individus; car, s'il en était autrement, il y aurait au moins 2 3 de perte, même dans les meilleurs fourrages.

Les prairies moyennes fournissent les meilleurs foins: elles sont composées par environ 135 espèces, au milieu desquelles figurent 65 bonnes fourragères; enfin, dans les prés élevés, on rencontre 50 bonnes plantes et 80 médiocres.

On doit comprendre qu'il n'y a rien de rigoureux dans toutes les appréciations qui peuvent être modifiées suivant une foule de circonstances inhérentes à la nature des terrains, à leur exposition et à l'influence météorologique de l'année.

En résumé, la botte de foin est constituée principalement par les Graminées et les Légumineuses; les Graminées, à elles seules, entrent au moins pour les 7 8 dans sa composition; puis viennent les Légumineuses, quelques Synanthérées, des Labiées, des Renonculacées, des Crucifères, des Ombellifères; plusieurs Borraginées et Scrophulariées, des Jones, des Laiches et enfin des Prêles complètent le dernier huitième de la masse totale de cette denrée de distribution. On peut ajouter les Rhinantes fig. 99 et le Millefeuille, qui occupent surtout des prairies basses et marécageuses.

On ne saurait trop insister sur ces connaissances très succinctes de chimie agricole et botanique fourragère, afin de permettre aux personnes chargées de la réception et du contrôle des fourrages de se prononcer avec connaissance de cause, et de pouvoir déterminer au besoin, avec une certaine exactitude, la valeur des foins soumis à leur appréciation, notamment en cas d'*expertise*.

§ IV. — **Expertise fourragère dans l'armée**

Les foins de distribution doivent être de *qualité loyale* et *marchande de la contrée*. Tel est le problême botanico-agricole que l'expert est appelé à résoudre.

Il est évident qu'en exigeant une bonne qualité, ce n'est pas précisément à la composition intime et botanique qu'il faut s'attacher tout particulièrement, mais bien à l'homogénéité du foin, à sa couleur, à son odeur, à son goût et à son poids. Il ne serait pas juste, en effet, d'exiger des prairies du Nord, des herbes d'un vert caractéristique, à tiges fines et déliées, aromatiques, élastiques et toniques, analogues à celles du midi ou même du centre de la France.

Il ne faut pas perdre de vue que chaque centre régional, chaque zone climatérique, on peut même dire chaque département, offrent des productions végétales appropriées à la nature du sol, à son exposition, au plus ou moins d'élévation des prairies, enfin à la quantité d'eau dont elles sont imprégnées. C'est là toute une question de géographie botanique parfaitement élucidée.

Il n'en est pas moins vrai que les corps de cavalerie ont droit d'exiger des entrepreneurs ou fournisseurs la bonne et non la médiocre qualité des foins du pays, comme cela arrive parfois.

Dans les contestations que les régiments peuvent avoir avec les marchands, presque toujours les experts civils, — tout en déclarant *qu'il n'y a rien de mieux dans le pays* c'est la phrase sacramentale!), vous disent carrément que les fourrages sont excellents lorsqu'ils ont appris, d'une façon ou d'une autre, que le régiment n'éprouve pas de pertes en chevaux. Ces gens répètent avec emphase : « Vous n'avez pas de malades ; donc nos denrées sont d'excellente qualité ! » Ils ignorent, ces experts d'un jugement douteux, que la maigreur et le manque de vigueur des chevaux sont des signes précurseurs de certaines affections graves et contagieuses; qu'une mauvaise alimentation n'est pas suivie immédiatement d'un revers pathologique; que ce n'est souvent qu'après des mois que l'économie animale, profondément minée, se laisse facilement envahir par des maladies incurables, même au milieu d'une nouvelle situation hygiénique relativement prospère.

Puisque j'ai parlé d'expertises, qu'il me soit permis de dire qu'elles ne devraient jamais être faites dans la localité où a lieu la contestation ; il serait plus sage et plus rationnel d'envoyer les échantillons litigieux, médiocres ou mauvais, à l'examen d'une commission composée d'hommes compétents et sérieux. Dans tous les cas, s'il est démontré que le pays ne peut fournir que de médiocres fourrages, mieux vaudrait abandonner provisoirement la garnison que d'infecter pour longtemps tous les chevaux d'un régiment.

Et puis, il faut bien le dire, les experts civils qui soutiennent les fournisseurs ne se doutent pas, le moins du monde, des pertes qu'ils font éprouver à l'État par leur ignorance ; ce qui ne les empêche pas d'être considérés, — on ne sait réellement trop pourquoi, — comme des *oracles hygiénistes !*

Dans toutes les expertises, toujours déterminées par la médiocre ou mauvaise qualité des livraisons alimentaires, il est rare qu'un régiment ait gain de cause quinze fois sur cent, malgré les connaissances et avis des deux experts des corps.

En cas de contestation, il y a cependant des fournisseurs plus francs qui disent naïvement : qu'ils n'ont rien trouvé de mieux dans le rayon réglementaire ; que l'année a été mauvaise ; qu'il y a eu de la rosée, des brouillards, des pluies, des gelées tardives qui sont venus entraver la végétation ; que la récolte et la rentrée des denrées ont été faites dans de mauvaises conditions, et tant d'autres lieux communs n'ayant pas la moindre valeur. Si le foin est passé, cassant, roussâtre, inerte et peu nutritif, semblable au foin d'emballage, ils invoquent la sécheresse de l'année, etc...

Lorsque dans le rayon d'approvisionnement il existe de très bons fourrages, les fournisseurs en font venir de médiocres d'un autre endroit, — souvent très éloigné, — parce qu'ils y sont achetés à vil prix. Lorsque au contraire tout est mauvais dans le rayon où se trouve fatalement placé le régiment, et à bon marché, bien entendu, les foins y sont achetés pour la cavalerie. C'est

alors que les fournisseurs vous répondent iro-
niquement : *Il n'y a rien de mieux dans le pays!*

Puisqu'il s'agit de l'alimentation du cheval de
guerre, il me reste une dernière question à examiner, question relative à la visite mensuelle des
magasins telle qu'elle est pratiquée aujourd'hui.
Eh bien! cette visite, je n'hésite pas à le dire, est
complètement illusoire et n'offre aucun résultat
économique pour le trésor. La Commission spéciale apprécie sévèrement, chaque mois, la qualité des foins, emmagasinés; mais il lui est impos-
sible de répondre, dans la plupart des cas, des
distributions journalières; cette Commission favorise même, bien à son insu, plutôt le fournisseur
que les régiments. En effet, comme l'approvisionnement des magasins est composé de fourrages bien choisis et surveillés, *espèce d'exhibition
permanente*, — il en résulte que toutes les notes
portées sur les registres militent en faveur de la
bonne gestion du fournisseur. C'est une sorte de
certificat de bonne conduite donné au magasin à
fourrage qui, d'un jour à l'autre, se métamor-

phose et qui, sous les bras habiles des botteleurs, vient fournir, aux distributions de la semaine qui suit, les plus détestables aliments fourrageux que la localité a pu produire. Il est clair, pour tous les gens qui s'occupent de la santé des chevaux, que les mauvais foins ne proviennent pas du magasin proprement dit, mais bien des arrivages journaliers : que la réserve du magasin ne fournit que l'enveloppe assez belle de la botte, au milieu de laquelle se trouvent les denrées frelatées.

Cette responsabilité de la Commission mensuelle a d'autant plus d'inconvénients, qu'en cas de contestation, on ouvre le registre qui, forcément, ne peut contenir la plus petite note critique.

L'examen sérieux des dénrées alimentaires devrait donc se faire sévèrement à chaque distribution, et non dans les magasins.

Mais je reviens à l'expert militaire, qui connaît parfaitement la botte fourragère et qui peut se prononcer avec une certitude presque rigoureuse, dans les circonstances les plus difficiles.

Si une contestation existe, dans une localité, à propos de la qualité du foin distribué à un régiment, une botte réputée mauvaise est adressée de l'endroit à Paris. Si l'expert est habile, s'il possède véritablement les connaissances que nous cherchons à vulgariser et à simplifier, il peut se concilier d'emblée la confiance des juges en dernier ressort, dont il doit éclairer la religion.

Après avoir délié la botte suspecte, il examine rapidement les caractères extérieurs des plantes, couleur, odeur, saveur et leur poids ; puis il passe à leur composition intime. Cela fait, il lui est possible d'affirmer que les plantes ont été récoltées dans le bassin de la Seine-Inférieure, ou dans le Nord, ou bien encore qu'elles proviennent de foins récoltés dans le Midi et transportés à Rouen.

Dans d'autres circontances, il lui sera tout aussi facile de constater qu'on a introduit au milieu de bon fourrage de prairies fertiles, des herbes ayant végété à l'ombre et provenant de prés ombragés ; ainsi, il retrouvera des témoins irrécusables qui seront : le Millet étalé, les Méliques penchée et uniflore, le Brome rude, la Fétuque gigantesque, la Brachypode des forêts, l'Épervière et le Stachys des bois, la Mercuriale vivace, le Paturin des bois, etc.

Après cette première opération, l'expert n'a plus qu'à s'occuper de l'altération des fourrages.

§ V. — Altérations des foins

Lorsque le foin a été préservé de l'humidité et, autant que possible, du contact de l'air, de la pluie, des fortes chaleurs, en un mot de l'intempérie des saisons, il peut parfaitement se conserver pendant une année et même dix-huit mois, sans acquérir de mauvaises qualités. Après ce laps de temps, il est généralement considéré comme *vieux* : c'est alors qu'il devient sec, cassant, poudreux ; qu'il perd son arome et son goût ; que plus tard il se désagrége, contracte une mauvaise odeur, une saveur aigre ou acrimonieuse et ne présente plus qu'un mauvais aliment.

Le foin *passé* et *brûlé* est celui qui a été fauché et rentré trop tard, qui ne contient plus qu'une faible quantité de principes alibiles et aromatiques. Ce foin est jaunâtre, rougeâtre, cassant, insipide et d'une médiocre qualité.

Il est dit *laré* ou *délaré*, quand il a été coupé, fané et rentré par les pluies ou par une grande humidité. Ce foin est pâle, peu odorant, peu nutritif. Il faut l'examiner de près pour ne pas le confondre avec le bon fourrage.

Le foin *vasé* a été récolté sur des prairies qui ont été inondées, couvertes de terre, de vase, de limon et de matières organiques en putréfaction. Le foin peut être vasé de différentes manières : si le cours d'eau est rapide et si l'inondation a été passagère, les herbes ont généralement peu souffert ; néanmoins, leur fanage et leur rentrée sont devenus plus difficiles. Si au contraire l'eau vaseuse et sablonneuse à la fois est restée quelques jours, la boue et les corps putréfiés ont souillé et altéré les plantes ; il en résulte que le foin qui en provient exhale une odeur infecte, marécageuse, et qu'après quelques mois, il devient sec, cassant, répand une poussière épaisse et irritante lorsqu'il est remué ou secoué Dans tous les cas, il exhale une odeur marécageuse, infecte, possède une saveur âcre qui le fait repousser des herbivores. Lorsque l'inondation a eu lieu après les récoltes, la vase, — si elle n'est pas ensablée, — ainsi que les détritus organiques animaux ou végétaux laissés sur les prairies, constituent un engrais très fertilisant qu'on appelle *manne* dans quelques localités. Quand l'eau n'a pas eu d'écoulement et a stagné au milieu des prés, elle exerce une influence nuisible sur la végétation ; elle fait disparaître les meilleures espèces peu avides d'eau et favorise le développement de mauvaises plantes aquatiques et marécageuses. En résumé, le foin *rasé* est de médiocre qualité, peu alimentaire et d'une digestion difficile ; il est irritant pour les conjonctives, la muqueuse des voies respiratoires, et toujours d'une assimilation pénible.

§ VI. — **Foins fauchés trop tôt ou trop tard**

Il est rare que les foins soient fauchés trop tôt, — sauf le cas de disette fourragère de l'année précédente.

Quoi qu'il en soit, l'herbe non encore bien formée est peu nutritive et se conserve moins longtemps.

Une récolte anticipée a le grave inconvénient d'affaiblir les prés, en faisant disparaître une foule d'espèces annuelles hâtives.

Dans d'autres circonstances plus fréquentes, les foins sont fauchés beaucoup trop tard ; il en résulte un autre inconvénient, dont le moindre est de rendre le foin coriace, s'il n'était moins nutritif, cassant, sans odeur et peu sapide.

Si les foins ont été rentrés humides, ou si, emmeulés en plein air, on n'a pas eu la précaution de couvrir la partie entamée pour les besoins, ils s'échauffent, se laissent envahir par des Cryptogames et des parasites animaux. La description de toutes ces altérations a été parfaitement faite par un micrographe vétérinaire d'une grande habileté. M. Mégnin a étudié et décrit la *Puccinie* de la paille, la *Capillaria* et le *Stilbinum* des fourrages, le *Mucor Mucedo*, le *Botrytis* et le *Penicillium* de la farine; il nous a également fourni d'excellents renseignements sur les Acariens des fourrages.

Les fourrages moisis, est-il besoin de le dire? sont d'un usage dangereux et doivent être refusés impitoyablement. Il en est de même des foins altérés par le charbon *(Uredo carbo)*; par la carie *(Uredo caries*; par la rouille *(Uredo rubigo)*, et enfin par la sphacélie.

On a accusé les fourrages moisis et rouillés d'avoir donné naissance à des maladie enzootiques fort graves, accompagnées d'altérations particulières du fluide sanguin. Presque tous les vétérinaires sont d'accord pour déclarer que les

manifestations farcino-morveuses naissent quelquefois sous l'influence de l'usage des aliments
envahis par la moisissure et la rouille.

Telles sont sommairement les altérations que
peut subir le foin, soit pendant la végétation, soit
dans les magasins et qu'un expert est très souvent appelé à constater.

Je termine en disant que, parfois, une autre
tâche fort délicate peut encore être imposée à
l'expert : On le charge, dans quelques cas, de
visiter les bottes fourragères préparées à l'avance
pour les distributions militaires. Il est possible
encore qu'il soit désigné pour constater la qualité
et la composition de tous les fourrages d'un magasin.

Il va sans dire que, dans cette dernière situation, il faut bien se garder de prévenir le fournisseur, sans quoi il lui sera facile de prendre
des précautions qui rendraient cette nouvelle
mission fort difficile. Il faut le surprendre en
quelque sorte.

S'il s'agit simplement du foin mis en bottes, il

s'assure de l'uniformité d'origine, de son homogénéité et de la qualité des plantes qui entrent dans sa composition; il s'enquiert ensuite des ressources locales, de la situation, de la nature des prairies ainsi que de leur composition botanique; après quoi, il se prononce avec connaissance de cause. C'est surtout en faisant ouvrir un certain nombre de bottes, en étudiant les différentes couches qui les composent, qu'il pourra dévoiler les falsifications. Il sait par expérience que la couche extérieure est constamment bonne, que l'extérieure peut être passable; mais il n'oubliera pas que c'est entre ces deux couches que les foins plats, marécageux, de basse qualité, sont introduits et y sont habilement dissimulés.

Pour donner plus de poids à la botte, les liens sont mouillés d'une façon exagérée, afin, disent les marchands, de leur donner plus de ténacité. Il n'est pas rare de rencontrer la couche moyenne également très humide. Quelques bottes suspectes et frelatées doivent engager l'expert à poursuivre ses recherches jusqu'au bout.

Une mauvaise fourniture indique, ou que les provisions du magasin laissent à désirer, ou que certains arrivages ont échappé au contrôle.

Dans cette alternative, il est quelquefois utile de sonder profondément les meules ou les approvisionnements en réserve.

III

§ 1ᵉʳ. — Foins artificiels

Pour terminer l'étude de la botte de foin, il me reste à parler des plantes fourragères qui peuplent les prairies artificielles et qui sont consommées par les herbivores domestiques, seules ou associées aux produits des prairies naturelles.

Le foin des prairies artificielles, en dépit des attaques dont il a été l'objet, — surtout depuis une vingtaine d'années, — doit être considéré comme un aliment fort nutritif, d'un excellent usage, et d'autant meilleur, qu'il se trouve associé à d'autres substances alimentaires contribuant à varier la nourriture.

Aujourd'hui, il serait peu rationnel d'admettre que les herbes artificielles qui ont enrichi notre agriculture en doublant la fécondité de la terre, qui ont favorisé la multiplication et l'amélioration de toutes nos races animales, qui procurent en abondance lait et graisse, qui, enfin, poussent au développement musculaire et à la vigueur, puissent être d'un usage aussi dangereux que plusieurs agronomes, aux idées chimériques, se sont évertués à le proclamer.

Je ne parle ici, — bien entendu, — que des plantes artificielles *Légumineuses* : car les Graminées peuvent également être l'objet d'une culture spéciale, comme cela a lieu pour l'Ivraie vivace et celle d'Italie, pour l'Arrhénathère élevée, l'Agrostis d'Amérique, la Fléole des prés, le Brome de Schrader, etc.

Est-il besoin de rappeler que la culture des Légumineuses est fort ancienne ? Pour n'en citer qu'un exemple il suffit de dire que la Luzerne était : *Medica* des latins et μηδική des Grecs. Néanmoins, c'est principalement vers la fin du siècle dernier que l'usage des herbes artificielles a été indiqué de nouveau et vanté par de savants agronomes, par Gilbert tout particulièrement, alors professeur à l'École d'Alfort. De son côté, Victor Yvart, ce savant professeur d'économie rurale, écrivait en 1819 que : les prairies artificielles, — outre leur mérite propre, — contribuaient de la manière la plus directe à la production des grains de toute espèce.

Depuis cette époque, un grand nombre d'agriculteurs et de chimistes distingués ont contribué puissamment à vulgariser ces cultures précieuses ; de telle façon, qu'en ce moment, on apprécie, à leur juste valeur, les résultats immenses qu'elles ont procurés, soit pour la multiplication de nos races domestiques, soit pour leur amélioration.

Malgré tous ces avantages incontestables, les Légumineuses artificielles ont été sévèrement jugées par quelques écrivains, praticiens ou agronomes. Ces adversaires du véritable progrès ont dit : que l'usage de ces plantes ne pouvait être continué pendant longtemps, et que, dans tous les cas, elles ne pouvaient être distribuées trop abondamment ; que les animaux s'en dégoûtaient promptement ; qu'elles étaient échauffantes, se digéraient mal, déterminaient des affections bilieuses, des indigestions, voire même des éruptions à la peau, etc., etc.

S'il fallait en croire ces détracteurs, le foin artificiel devrait être considéré comme le bouc émissaire de toutes les affections nouvelles encore peu connues. Ce serait la cheville ouvrière d'une foule de transformations pathologiques peu étudiées jusqu'ici.

Que n'a-t-on pas encore dit contre ce fourrage ?

Que c'était l'aliment qui produisait le plus sûrement certaines affections spéciales du fluide sanguin ! Tel praticien suppose qu'il détermine la pléthore ; tel autre, au contraire, l'accuse de produire l'anémie et l'hydroémie dans sa localité. Il y a même des écrivains de bonne foi qui vont jusqu'à supposer que ces délicieuses herbes déterminent une intoxication lente !

Un professeur agronome qui, en 1856, ne pensait pas que la chimie pût donner des formules exactes pour exprimer la puissance nutritive des aliments, a cherché, quelques années plus tard, à persuader à ses lecteurs qu'il est facile d'expliquer jusqu'à un certain point les effets nuisibles des Légumineuses par leur composition chimique.

Voici la singulière théorie qu'il a émise et que rien n'est venu justifier, que nous sachions :

« Les Légumineuses, a-t-il dit, renferment beaucoup d'azote ; mais elles ont moins de matières grasses que le foin des prairies naturelles. De sorte que, si les animaux prennent assez de luzerne ou de trèfle pour suffire aux besoins de leur respiration en matières hydro-carbonées, ils introduisent dans leur corps une trop forte quantité d'azote et leur sang devient trop fibrineux et trop albumineux ; tandis que, s'ils ne prennent que le foin réclamé par les besoins de leur corps en principes azotés, la respiration reste incomplète faute de matières susceptibles de se combiner dans le poumon avec l'oxygène de l'air. »

J'ai déjà combattu cette explication, toute hypothétique, dans un mémoire spécial sur les prairies artificielles, tout en rappelant que cet auteur avait vainement cherché à déterminer les véritables principes immédiats qui devaient être brûlés sous l'influence d'une respiration comburante. Plusieurs physiologistes, bien avant lui, ont considéré comme tels, les graisses, le sucre, la gomme et tous les principes immédiats non azotés provenant des aliments et impropres à l'assimilation ; plusieurs ont placé dans la même catégorie la fibrine, l'albumine, les matières animales, dans la composition desquelles il entre de l'azote ; d'autres enfin, ont pensé que tel ou tel de ces principes devait servir à peu près exclusivement à la combustion respiratoire. Il y a, comme on le voit, *toute une immensité* entre les théories physiologiques et l'explication hasardée fournie par l'agronome en question.

Aujourd'hui, ai-je besoin de le dire? il est reconnu que toutes les substances organiques du sang et des tissus peuvent, en se combinant avec l'oxygène, participer aux phénomènes de la respiration. Le savant Liebig a dit : « L'oxygène dans l'acte respiratoire ne fait aucun choix quant aux matières susceptibles de s'unir avec lui ; il se combine avec tout ce qui se présente, son affinité s'étend sur tout ce qui est carboné ou hydrogéné ; il consume le principe azoté ; il détruit la fibrine, l'albumine aussi bien que la graisse, le sucre, la gomme, l'alcool, etc. »

Delafond reprochait aux légumineuses de ne pas renfermer de fibrine végétale ou gluten. Pourquoi ce reproche ? Ne sait-on pas que l'albumine se change facilement en fibrine après la chimification et pendant l'hématose ? cette transformation est manifeste dans l'œuvre de la poule où l'albumine par suite de son oxygénation, à la faveur des porosités de la coquille, a servi à constituer de toutes pièces le petit poulet, comme l'a fort bien expliqué un chimiste vétérinaire.

Mais, hâtons-nous de le dire, le produit des prairies artificielles (sainfoin, trèfle et luzerne notamment) doit être considéré comme une précieuse ressource, surtout dans les contrées où le foin naturel est généralement médiocre ou mauvais. Cette importante question a du reste été résolue, d'une façon toute pratique, à l'aide de nombreuses expériences faites sous les yeux de la commission d'hygiène hippique, présidée alors par Magendie et ayant comme membres chimistes MM. Payen et Boussingault.

Cette commission, d'après les heureux résultats obtenus dans 74 régiments et dépôts de remonte, a déclaré que le foin artificiel pouvait être substitué au foin naturel dans la nourriture des chevaux de l'armée.

Voici l'avis nettement formulé par elle et qui peut être offert sous forme de résumé :

1" Que les feuilles et les tiges de foin artificiel peuvent être données sans inconvénients, séparées les unes des autres, *comme nourriture exclusive* aux chevaux ; que les feuilles, bien que contenant plus de principes nutritifs que les tiges, sont cependant moins nourrissantes que celles-ci, parce qu'elles abandonnent moins de principes pendant l'acte de la digestion ;

2" Que le foin artificiel, tiges et feuilles, peut être donné sans inconvénients comme nourriture exclusive aux chevaux, ce qui n'a pas lieu avec le foin des prairies naturelles ; que les chevaux nourris avec du trèfle ou de la luzerne ont conservé leur embonpoint et leur vigueur, et que celle-ci a augmenté chez les animaux nourris avec du sainfoin ; cependant cette alimentation a contribué au développement de l'abdomen, surtout chez les animaux nourris avec du trèfle, ils ont bu davantage ; chez ceux qui sont nourris avec du sainfoin, ces changements ont été à peine sensibles ;

3° Que le foin des prairies artificielles peut être substitué avec avantage au foin des prairies naturelles ; toutefois les différentes plantes qui le composent doivent être classées d'après leurs qualités nutritives : 1° le sainfoin ; 2° la luzerne ; 3° le trèfle ;

4° Que le foin artificiel mélangé avec le foin naturel a généralement contribué à améliorer la santé des chevaux de l'armée et à augmenter leur vigueur ;

5° Qu'enfin en variant la nourriture, la nouvelle alimentation excite l'appétit des animaux.

qui ne laissent plus de fourrages dans les râte-
liers comme cela a lieu avec le foin naturel.

Cette démonstration pratique, croyons-nous,
est préférable à toutes les théories fantaisistes
inventées par quelques pessimistes.

Cela établi, il ne me reste plus qu'à dire
quelques mots des principales plantes artificielles
qui entrent dans la composition de la botte fourragère.

1° Sainfoin cultivé : Onobrychis sativa (fig. 64).

Le Sainfoin (Esparcette, Bourgogne, etc.), cultivé aujourd'hui dans presque toute la France,
réussit cependant mieux dans le centre et le Midi,
de préférence sur les sols calcaires, sablonneux et
pierreux où il procure un excellent fourrage. En
vert, il fournit un aliment succulent, fort appété
de tous les herbivores et qui, dans tous les cas, a
l'immense avantage de ne jamais les météoriser.
Lorsqu'il a été récolté bien à point, il conserve
d'autant mieux ses feuilles.

2° Luzerne cultivée : Medicago sativa (fig. 63).

Cette Légumineuse est sans contredit le fourrage le plus productif et le plus précieux ; séche, la luzerne s'associe à merveille au foin des prairies naturelles dont elle augmente la valeur nutritive ; en vert, elle procure des coupes d'autant plus abondantes que le terrain est plus profond et plus fertile. Sous cet état, on lui reproche cependant de causer parfois la météorisation ; c'est ce qui arrive, en effet, lorsqu'elle est distribuée intempestivement.

D'après M. Boussingault, voici quelle est sa composition chimique, comparée à celle des foins naturels :

	Foin de luzerne	Foin naturel.
Eau.	15,00	13,00
Amidon, sucre, cellulose	63,80	68,40
Matières grasses	3,50	3,80
Matières azotées	12,00	7,20
Cendres	5,70	7,60
Totaux.	100,00	100,00

On cultive encore avec avantage les Luzernes faucilles, la Lupuline et l'espèce dite rustique, qui convient plus particulièrement aux contrées septentrionales.

3° Trèfle des prés : Trifolium pratense (fig. 31).

C'est une espèce fourragère fort nutritive et du goût de tous les herbivores, en vert ou à l'état sec ; on le donne de préférence aux bestiaux. En vert, il produit souvent la météorisation, si on n'a pas pris les précautions nécessaires pour éviter cet accident. La meilleure manière de le distribuer est de le mêler au foin des prairies naturelles.

Voici sa composition chimique à l'état de foin :

Eau.	20,0
Amidon, sucre, cellulose .	61,2
Matières grasses. . . .	3,2
Matières azotées . . .	10,6
Cendres	5,0
Total. . .	100,0

Telles sont les principales Légumineuses fourragères artificielles. Néanmoins, quelques autres espèces de la même famille sont l'objet de cultures spéciales dans un assez grand nombre de localités, ainsi : la Vesce Craque (fig. **32** est semée avec une céréale, avec le seigle, notamment, qui, en lui permettant de ramer et de prendre un grand développement, augmente la somme de son produit : le Trèfle rampant (fig. **62**), abondant et vigoureux dans les prairies fraîches et arrosées ; plusieurs espèces de Vesces, mais surtout la Vesce cultivée recommandable sous plus d'un rapport (fig. 65) ; la Gesse des prés (fig. 67) ; le Mélilot officinal (fig. 91) ; l'Ornithope pied-d'oiseau (fig. 92), etc. Toutes ces espèces fournissent un fourrage succulent et fort appété de tous les herbivores. Dans tous les cas, leur présence, dans les foins naturels, augmente singulièrement la valeur de ces derniers.

§ II. — **Du foin comprimé**

Pour prévenir l'altération des foins naturels, dans le but de les conserver plus longtemps et de faciliter enfin leur transport, il est un moyen trop peu usité, qui consiste à réduire les masses fourrageuses sous le plus petit volume, sans cependant nuire à leur conservation et sans amoindrir leurs qualités alimentaires. C'est à l'aide d'une presse spéciale qui peut les condenser aux trois cinquièmes, — et même davantage, — qu'on arrive à ce résultat.

Est-il besoin de rappeler que le foin comprimé, étant d'un transport plus facile, favorise les transactions agricoles; que sous cet état, il se laisse difficilement pénétrer par l'humidité et se trouve presque à l'abri de l'incendie; que les graines ne sont pas perdues; qu'en définitive les plantes qui le composent conservent bien plus longtemps leurs principes aromatiques et nutritifs? Il est donc utile que cette pratique se vulgarise le plus tôt possible.

TABLE

CHAPITRE III

Auxerre, imprimerie Lacuisse et Cie, 4, Chaussée Saint-Pierre

BIBLIOTHÈQUE DE L'AGRICULTEUR PRATICIEN